耕地地力评价与利用

刘　宝　主编

中国农业出版社

内容简介

本书全面系统地介绍了山西省广灵县耕地地力评价与利用的方法及内容，首次对广灵县耕地资源历史、现状及问题进行了分析、探讨，并引用大量调查分析数据对广灵县耕地地力、中低产田地力做了深入细致的分析。该书揭示了广灵县耕地资源的本质及目前存在的问题，提出了耕地资源合理改良利用意见，为各级农业科技工作者、各级农业决策者制订农业发展规划，调整农业产业结构，加快绿色、无公害、有机农产品基地建设步伐，保证粮食生产安全，科学施肥，退耕还林还草，进行节水农业、生态农业及农业现代化、信息化建设提供了科学依据。

本书共七章。第一章：自然与农业生产概况；第二章：耕地地力调查与质量评价的内容和方法；第三章：耕地土壤属性；第四章：耕地地力评价；第五章：中低产田类型分布及改良利用；第六章：耕地地力评价与测土配方施肥；第七章：耕地地力调查与质量评价的应用研究。

本书适宜农业、土肥科技工作者及从事农业技术推广与农业生产管理的人员阅读。

编写人员名单

主　　编：刘　宝

副主编：刘振明　许彦军　石文廷

编写人员（按姓名笔画排序）：

马　广　王　英　王业震　王继宏

王德英　牛宝山　石　河　白　昆

仝宗义　孙　敏　杨蕊梅　冷艳玲

宋元兴　宋元英　张　斌　张　满

郎先龙　秦怀宇　班　银　贾天利

般海平　高存玲　常增海

序

农业是国民经济的基础，农业发展是国计民生的大事。为适应我国农业发展的需要，确保粮食安全和增强我国农产品竞争的能力，促进农业结构战略性调整和优质、高产、高效、生态农业的发展，针对当前我国耕地土壤存在的突出问题，2009年在农业部精心组织和部署下，广灵县成为测土配方施肥补贴项目县，根据《全国测土配方施肥技术规范》积极开展了测土配方施肥工作，同时认真实施了耕地地力调查与评价。在山西省土壤肥料工作站、山西农业大学资源环境学院、大同市土壤肥料工作站、广灵县农业委员会、广灵县土壤肥料工作站广大科技人员的共同努力下，2012年完成了广灵县耕地地力调查与评价工作。通过耕地地力调查与评价工作的开展，摸清了广灵县耕地地力状况，查清了影响当地农业生产持续发展的主要制约因素，建立了广灵县耕地地力评价体系，提出了广灵县耕地资源合理配置及耕地适宜种植、科学施肥及土壤退化修复的意见和方法，初步构建了广灵县耕地资源信息管理系统。这些成果为全面提高广灵县农业生产水平，实现耕地质量计算机动态监控管理，适时提供辖区内各个耕地基础管理单元土、水、肥、气、热状况及调节措施提供了基础数据平台和管理依据。同时，也为各级农业决策者制订农业发展规划，调整农业产业结构，加快无公害、绿色、有机食品基地建设步伐，保证粮食生产安全以及促进农业现代化建设提供了第一手科学资料和最直接的科学依据，也为今后大面积开展耕地地力调查与评价工作，实施耕地综合生产能力建设，发展旱作节水农业、测土配方施肥及其他农业新技术普及工作提供了技术支撑。

本书系统地介绍了耕地资源评价的方法与内容，应用大量的调查分析资料，分析研究了广灵县耕地资源的利用现状及问题，提出了合理利用的对策和建议。该书集理论指导性和实际应用性为一体，是一本值得推荐的实用技术读物。我相信，该书的出版将对广灵县耕地的培肥和保养、耕地资源的合理配置、农业结构调整及提高农业综合生产能力起到积极的促进作用。

王高勇

2017 年 3 月

前言

耕地是人类获取粮食及其他农产品最重要的、不可替代的、不可再生的资源，是人类赖以生存和发展的最基本的物质基础，是土壤的精华，是农业发展必不可少的根本保障，是人们获取粮食及其他农产品所不可替代的生产资料。耕地与人口、环境、粮食安全，已经成为世界性的重要研究课题。保护耕地已经成为事关国家大局和子孙后代的大事，“十分珍惜和合理利用每寸土地，切实保护耕地”是我们的基本国策。新中国成立以后，山西省广灵县先后开展了两次土壤普查。两次土壤普查工作的开展，为广灵县国土资源的综合利用、施肥制度改革、粮食生产安全做出了重大贡献。近年来，随着农村经济体制的改革以及人口、资源、环境与经济发展矛盾的日益突出，农业种植结构，耕作制度，作物品种，产量水平，肥料、农药使用等方面均发生了巨大变化，产生了如耕地数量锐减、土壤退化、土壤污染、水土流失等诸多问题。针对当前广灵县耕地土壤质量存在的突出问题，根据农业部和山西省农业厅的工作安排，广灵县农业委员会开展了广灵县耕地地力调查与质量评价工作。耕地地力调查与质量评价对耕地资源合理配置、农业结构调整、保证粮食生产安全、实现农业可持续发展有着非常重要的意义。

广灵县耕地地力评价工作于2009年1月底开始，至2012年12月结束，完成了广灵县9个乡（镇）、108个行政村的49.35万亩耕地的调查与评价任务。3年共采集大田土样4 100个，认真填写了采样地块登记表和农户调查表，完成了4 100个样品常规化验、1 190个样品中微量元素分析化验、数据分析和收集数据的计算机录入工作；并调查访问了300个农户的农业生产、土壤生产性能、农田施肥水平等情况；

基本查清了广灵县耕地地力、土壤养分、土壤障碍因素状况，划定了广灵县农产品种植区域；建立了较为完善、可操作性强、科技含量高的广灵县耕地地力评价体系，并初步构筑了广灵县耕地资源信息管理系统；提出了广灵县耕地保护、地力培肥、耕地适宜种植、科学施肥及土壤退化修复办法等；形成了具有生产指导意义的多幅数字化成果图。收集资料之广泛、调查数据之系统、成果内容之全面是前所未有的。这些成果为全面提高农业工作的管理水平，实现耕地质量计算机动态监控管理，适时提供辖区内各个耕地基础管理单元土、水、肥、气、热状况及调节措施提供了基础数据平台和管理依据。同时，也为各级农业决策者制订农业发展规划，调整农业产业结构，加快无公害、绿色、有机食品基地建设步伐，保证粮食生产安全，进行耕地资源合理改良利用，科学施肥以及退耕还林还草、节水农业、生态农业、农业现代化建设提供了第一手资料和最直接的科学依据。

为了将调查与评价成果尽快应用于农业生产，在全面总结广灵县耕地地力评价成果的基础上，引用了大量成果应用实例和第二次土壤普查、土地详查有关资料，编写了《广灵县耕地地力评价与利用》一书。首次比较全面系统地阐述了广灵县耕地资源类型、分布、地理与质量基础、利用状况、改良措施等，并将近年来农业推广工作中的大量成果资料录入其中，从而增加了该书的可读性和可操作性。

在本书编写的过程中，承蒙山西省土壤肥料工作站、山西省农业大学资源环境学院、大同市土壤肥料工作站、广灵县农业委员会广大技术人员的热忱帮助和支持，特别是广灵县农业委员会土壤肥料工作站的工作人员在土样采集、农户调查、土样分析化验、数据库建设等方面做了大量的工作。仝在宏主任安排部署了本书的编写，由大同市土壤肥料工作站副站长刘宝同志、广灵县农业委员会土壤肥料工作站站长刘振明同志指导并执笔下完成编写工作，参与野外调查和数据处理的工作人员主要有刘振明、许彦军、王德英、王业震、张满等同志；土样分析化验工作由广灵县土壤肥料工作站化验室完成；图形矢量化、土壤养分图、耕地地力等级图、中低产田分布图、数据库和地力评价工作由山西农业大学资源环境学院和山西省土壤肥料工作站完成；野外调查、室内数据汇总、图文资料收集和文字编写工作由广灵县农业委员会完成，在此一并致谢。

但由于作者水平有限，书中失误和不妥之处在所难免，恳请各位读者提出宝贵意见。

编　者

2017 年 3 月

目录

第一章　自然与农业生产概况

第一节　自然概况

一、地理位置与行政区划

大同市广灵县位于山西省东北部高原边缘、恒山东麓、大同市境东南，为山西省东北门户，地理坐标为北纬39°35′～39°56′，东经113°51′～114°24′。东与河北省蔚县相望，北与阳高县、河北省阳原县接壤，西与浑源县交界，南与灵丘县毗邻。县境南北宽36千米，东西长48千米，总面积1 283平方千米（192.45万亩*），占大同市国土总面积的8.7%。

广灵县辖9个乡（镇），180个行政村，9个乡（镇）为壶泉镇、南村镇、作疃乡、加斗乡、蕉山乡、宜兴乡、梁庄乡、望狐乡和斗泉乡。县政府驻壶泉镇，县城东距北京296千米，西南距太原353千米，西北距大同135千米。

二、地形地貌

广灵县域平均海拔1 650米，最高为西北六棱山顶2 375米，最底为壶流河出境处930米左右。全县平面形态呈现不规则的正七边形，北、西、南三面环山。境内山岭纵横，地形起伏较大，西高东低，共有24座山、39个峰、5道岭，峪谷和较大沟涧19道。东西由石梯岭相隔，形成岭东、岭西两大平川，并构成望孤、南村、一斗泉、壶泉4块台地或盆地。壶流河横贯东西，在岭东又有河南、河北之分。

根据地貌形态特征和成因，地貌类型分为土石山区、黄土丘陵区、平川区和山前倾斜平原及洪积扇区。

1. 土石山区　位于西部、南部和北部的部分地区，包括望狐乡、南村镇、宜兴乡、加斗乡、斗泉乡及梁庄乡的一部分，面积为72.55万亩，占全县总土地面积的37.7%。本区山高坡陡沟深，具有山峦重叠的特征，土壤母质坡积物、残积物占有很大的比例，土层较薄，砾石较多。

2. 黄土丘陵区　位于县境北部，包括作疃、壶泉、蕉山、一斗泉乡的一部分，面积为44.46万亩，占全县总土地面积的23.1%。黄土丘陵侵蚀特征明显，黄土垣、黄土梁、黄土峁、黄土沟发育较多，土壤支离破碎，土壤母质多以第四纪黄土为主。

3. 平川区　位于广灵县中部、沿壶流河两岸地区，包括作疃、宜兴、壶泉、加斗、蕉山等乡（镇），面积为47.92万亩，占全县总土地面积的24.9%。本区多属壶流河阶地，为冲积平原，分布于冲积扇缘下部。土壤母质包括冲积母质、冲洪积母质和黄土状母质。

---

* 亩为非法定计量单位，1亩=1/15公顷。

4. 山前倾斜平原及洪积扇区 主要分布在盆地周边的山脚下、边山峪口前，包括加斗、宜兴、作疃、南村等地区。面积为27.52万亩，占全县总土地面积的14.3%。多数为山前倾斜平原，少部分为洪积扇，海拔为1 100～1 200米。土壤母质多数为洪积物，分选性差，土体内含有数量不等，大小不同的砾石。

三、土地资源利用现状

据土地部门统计：广灵县总土地面积192.45万亩，现在已利用115.5万亩，占总土地面积的60%。其中耕地49.35万亩，占总土地面积的25.6%；林地29.1万亩，占总土地面积的15.1%；草地5.1万亩，占总土地面积的2.7%；建设用地6.3万亩，占总土地面积的3.3%；水域25.65万亩，占总土地面积的13.3%。未利用地76.95万亩，占总土地面积的40%。在49.35万亩耕地中，水浇地20.73万亩，旱地28.62万亩。人均土地面积10.5亩，人均耕地面积2.7亩。

四、自然气候

广灵县位于半温带灌丛草原向温带干草原气候的过渡带上，大陆性季风气候，一年四季分明。冬季寒冷干燥，晴朗少雪，多刮强劲的西北风；夏季温暖、湿润、多雨，降雨集中，温湿的偏南风居多，雨热同季；春季干旱风多风大，蒸发量较大；秋季秋雨多于春雨。总的来说，年温差较大，降水高度集中，光热资源丰富，水资源不足，蒸发量远远大于降水量。

据广灵县气象统计资料，历年平均气温6.9℃，极端日最高气温为38.2℃（1961年6月），极端最低气温为－34.9℃（1997年1月）。1月最冷，平均气温－11.4℃，7月最热，平均气温22.1℃。全年平均无霜期为134天，土地封冻一般始于10月下旬，直到翌年3月下旬解冻。见表1-1。

表1-1 广灵县各月平均气温（1980—2012年）

月份	1月	2月	3月	4月	5月	6月	7月
温度（℃）	－11.5	－6.5	1.0	9.7	16.5	20.6	22.1

月份	8月	9月	10月	11月	12月	年平均
温度（℃）	20.0	14.8	8.0	－1.4	－9.0	7.0

全年≥10℃的活动积温为3 011℃，初终日期分别为4月中旬和9月下旬。全年无霜期150天左右，初霜期一般在9月下旬，终霜期一般在5月中旬。

全年平均5厘米地温为9.0℃。最高月平均地温在7月，为26.0℃，最低在1月为－9.8℃。土壤封冻期在10月下旬，解冻期为3月下旬，最大冻土深度在1.5米左右。见表1-2。

广灵县“十年春九旱”，降水量为200～600毫米，平均年降水量为392.6毫米。降水量时空变化较大，一般西多东少，山多川少，年际变化也较大。望狐地区和西部高山一带

为多雨中心，年降水量曾达700毫米以上（望狐）。岭东地区年降水量，最多是1959年，

表1-2 日平均气温稳定通过各界限温度初终期及积温

项　目	≥0℃	≥5℃	≥10℃	≥15℃
初日期（日/月）	15/3	3/4	16/4	1/6
终日期（日/月）	3/11	16/10	26/9	2/9
≥0℃积温（℃）	3 689.7	3 439.1	2 936.1	1 978.2
初终日数（天）	234	197	154	94

为653.1毫米；最少是1965年，仅194.2毫米。由于季风气候的不稳定性，所以季降水量的分布差异与年度降水量变化都很大。年降水多集中在6月、7月、8月，其中7月、8月为高峰期，2个月降水量占到全年降水量的54.5%。历年平均有雨天数74天左右，有雪天数为19天左右。年平均蒸发量为1 962毫米，为年降水量的5倍。特别是春季3月、4月、5月这3个月，蒸发量为769.8毫米，为同期降水量61.6毫米的12倍。一年内5月蒸发量最大，平均344毫米，最高439毫米；1月蒸发量最小，平均41毫米，最小18毫米。蒸发量年际差距较大，1972年蒸发量最大，达2 447毫米；1959年蒸发量最小，仅1 636毫米。全年平均相对湿度53%。月平均最大相对湿度在8月，为70%，最低月平均相对湿度为4月，为32%。全年平均日照时数为2 848.9小时，年平均风速为2.8米/秒。

五、水文地质

广灵县域属海河流域永定河水系桑干河支流壶流河上游，基本无客水入境。水资源以地表水（即河水、泉水、库容水）和地下水（深层与浅层）形式存在。县域地形坡度大，地下水渗透条件好，山区接受降水后，通过裂隙、溶隙补给盆地，再通过松散空隙，一部分排入壶流河，以地表水形成排泄，一部分补给壶流河下游潜水和深层水。丘陵地区植被覆盖率低，水土流失相当严重。

1. 地表水　壶流河是由西向东横贯全县的唯一河道，境内全长66千米，有12条支流，流域面积1 330平方千米，多年平均径流量4 890万立方米。

泉水主要有水神堂、百步坑、华山、莎泉、白羊峪、长江峪、枕头涧、直峪、红桥沟、石门峪等，正常年景以上10处流量有1 530升/秒，年径流量4 824万立方米。此外，还有其他较小泉水20处，但流量不足50升/秒，年出水量158万立方米，用于解决人畜吃水。清泉水总流量年均4 982万立方米，占地表水总量的3/4。

2. 地下水　广灵地区地下水储量为6亿立方米左右，动储量为0.375亿立方米，调节储量0.18亿立方米，可开采量为0.555亿立方米。

自然条件造就了盆地、平川的地下水储量丰富，山区、丘陵区的地下水贫乏的现状。地下水富集的地区水位20～120米，多数为60～80米，单井涌水量约80吨/小时。

3. 水资源量　根据2001年完成的评价成果，广灵县水资源总量6 172万立方米。其中地表径流量为1 730万立方米，地下水为5 627万立方米，重复量为1 185万立方米，可开发利用量为2 660万立方米。

广灵县境内出露地层由老至新主要为元古界长城系高于庄组、古生界和新生界第四系，局部可见太古界和中生界侏罗系地层。

太古界仅在西部有所出露。元古界长城系高于庄组分布于南部、西部及西北部山区。古生界寒武系假整合于长城系地层之上，总厚度600多米，分为下、中和上统，其中寒武系中统和下统在南山、西北山均有出露，寒武系上统分布于中部孤山与北山；古生界奥陶系整合于寒武系地层上，分布在中部与北山。中生界侏罗系假整合于奥陶系地层之上，仅北山板塔寺一代有所出露。新生界第四系下更新统除蔚县暖泉镇出露外，其他地方很少看到；新生界第四系中更新统在靠近边山冲沟壁上均有出露；新生界第四系上更新统在全区分布普遍，由于所处地貌单元不同，岩性及成因各异，分为风积黄土、坡洪积物、洪积物。新生界第四系全新统分布于壶流河等现代河谷中，由粉沙土、亚黏土及沙砾石层组成，南村一带及广灵南山前缘，也由洪积形成的砾质亚沙土及沙砾石，厚度为7米左右。

本区位于燕山断块广灵—蔚县块坳。其构造特点是，主要构造线呈明显的方向性。此外，在古地层上的沉积盖层，从区域看，也具有此方向性，即东北沉积厚，向西渐薄，到古老地层直接出露。

主要构造及特征包括：①蔚广单斜，位于壶流河以北，自北向南出露地层为长城、寒武、奥陶和侏罗系，此单斜内包括次一级小褶曲；②南山大断层，位于南山前，向东入河北省，为正断层，上盘被第四系覆盖，断层对盆地形成起主导作用，使盆地南北在地质地貌上具有明显不对称性，其时代与相邻的桑干盆地、灵丘盆地的南山前大断裂同期，属燕山期产物；③壶流河断层，自河北省化稍营经蔚县暖泉沿壶流河谷伸入，北为上升盘，南为下降盘；④南北向平行断层组，位于盆地中部，由数条相平行断层组成，构成地堑，地垒相间排列，出现现今的多孤山地形。

六、母质与土壤

广灵县耕地土壤成土母质类型主要有残坡积母质、黄土质母质、洪积母质、冲积母质、冲洪积母质、灌淤母质、黄土状母质等。

1. 残坡积母质 中低山区，岩石裸露，土壤母质以岩石风化的残积物和坡积物为主，花片岩风化物、石灰岩风化物和砂页岩风化物多有分布，坡顶和半坡是风化残积物，半坡以下多为坡积物。残坡积物的成分与原来的母岩成分相一致，其分选性较差，质地比较混杂，土体中常夹有一定的岩屑和石块，土壤层次过渡不明显，发育差。

2. 黄土质母质 分布在黄土丘陵区，是丘陵区土壤的主要母质类型。特点是色淡黄，土层深厚，质地细而均一，垂直节理发育，无层理，石灰含量高，微碱性，粉沙含量在60%左右。由于地处黄土丘陵区，地下水埋藏深，补给困难，土体干旱，水土流失比较严重，成土条件不稳定，显示更多的黄土母质特性。主要土壤类型为褐土性土，是广灵县中低产田的主要分布区，是典型的旱作农业区。

3. 洪积母质 位于盆地周边的山脚下和边山峪口的山前倾斜平原和洪积扇，平川河流一级阶地以上，是山洪出峪口后将大量挟带的沙砾、砾石、淤泥堆积而成。特点是泥沙、沙砾混杂，分选性差，层次不明显，且非常混乱。沙砾石的多少、深度决定于洪积扇或山前倾斜平原的部位和山前倾斜平原的坡度；上部砾石较多，土层较薄，多数耕地有沙砾层，土质偏沙，漏水漏肥，以中低产田居多；山前倾斜平原的中下部，砾石较少，土层相对较厚，土壤肥力较高。

4. 冲积母质　是河流流水冲积搬运在两岸形成的沉积物，分布在壶流河两岸的河漫滩及一级阶地上。特点是土层深厚，沙黏适中，沉积层次明显，沙黏交替，部分有黏土层次出现，影响土壤的通透性。是广灵县主要产粮区，包括壶泉镇、南村镇、作疃乡、加斗乡、蕉山乡、宜兴乡等乡（镇）有分布。在地下水汇集区有轻度盐渍化现象，影响农作物出苗生长。

5. 灌淤母质　分布于倾斜平原中下部和二级阶地，灌溉条件好的地区，经多年灌溉，灌淤层次超过 30 厘米以上，形成灌淤母质。特点是土层深厚，沙黏适中，无不良层次，土壤肥沃，排灌方便，是土壤肥力最高的土壤，也是高产田的主要分布区域。

6. 黄土状母质　广泛分布于二级阶地和倾斜平原的中下部，系第四纪黄土经风、水的搬运再次沉积而成。土体发育较好，由于经再搬运，土体内掺入了其他物质如：砾石、料姜、灰渣等。特点是有较好的剖面发育特征，地面较平坦，水土流失较轻，土层深厚，无不良层次，土壤肥力较高。

根据 1980 年第二次土壤普查，广灵县土壤的主要类型有山地草甸土、褐土、栗褐土和潮土，其中褐土分布面积最大，是广灵县主要地带性土壤，约占全县土地总面积的80%以上。在西北部殿顶山海拔 1 800 米以上分布有山地草甸土。在中低山区、丘陵区、洪积扇上和二级阶地上的平川区，广泛分布有褐土，它是在干旱大陆性季风气候和草灌植被下形成的灌丛草原土壤。其中在中低山区发育的是麻沙质（花片岩风化物）、灰泥质（石灰岩风化物）、沙泥质（砂页岩风化物）褐土性土，丘陵区、洪积扇上和二级阶地上的平川区发育的是黄土质褐土性土、黄土状褐土性土、洪积褐土性土、沟淤褐土性土等。全县大部分耕地为褐土和潮土，母质多为黄土状母质、冲积母质、洪积母质、冲洪积母质等。在壶流河两岸的一级阶地和二级阶地的低洼处，分布有潮土和盐化潮土，以冲积潮土为主，土壤盐渍化程度较轻，盐分类型以硫酸盐居多。

第二节　农业生产概况

一、农业发展历史

广灵县是一个以种植业为主的农业县，农业发展历史悠久，以善于精耕细作而闻名。广灵农业有史记载始于明朝，据《广灵县志》载，明朝初年，全县耕地为 10.99 万亩。清乾隆十九年（1754 年），全县实有耕地 31.4 万亩。清代《广灵县志》载有小麦、大麦、高粱、谷子大面积种植。至 1935 年，粮食播种面积 33 万亩，总产量1 404.36万千克，占农作物播种面积的 97.3%。其中，谷子 9.97 万亩，占粮田面积 30.1%，亩均产 28 千克；高粱 7 万亩，占粮田面积 21.2%，亩均产 66 千克；黍糜 4.8 万亩，占粮田面积 14.5%，亩均产 48 千克；豌豆 2.6 万亩，占粮田面积 7.8%，亩均产 32.5 千克；莜麦 2.5 万亩，占粮田面积 7.6%，亩均产 27.5 千克；马铃薯 2 万亩，占粮田面积 6.1%，亩均产 400

千克。

1949年以后，广灵县农业生产有了很大的发展，特别是农业生产责任制的实行，使广灵县农业生产有了跳跃式发展，粮食总产、亩产均有很大的提高（表1-3）。作物品种也由新中国成立前的以谷子、马铃薯、高粱、豆类作物为主，逐渐转向以玉米、马铃薯、经济作物为主。“东方亮”小米、广灵五香瓜子、广灵五香豆腐干都是广灵县非常有名的地方特产，特别是广灵“东方亮”小米，原名“御米”，据传曾是康熙皇帝的贡米。广灵县独特的气候条件，培育生产出了远近闻名的“东方亮”小米，其色泽金黄、颗粒均匀、口感甜润，香甜可口、营养丰富、经济价值高的特点，故有“南有‘沁州黄’，北有‘东方亮’”之说。2012年，广灵县粮食总产量达到13.13万吨，平均亩产322千克，被评为“山西省粮食生产先进县”。

表1-3 广灵县1950—2010年每隔10年粮食生产统计表

年份	粮食总产（万千克）	亩产（千克）	主要农作物品种
1950	2 497	46.3	小麦、谷子、高粱、玉米、马铃薯
1960	2 462	48.5	小麦、谷子、高粱、玉米、马铃薯
1970	4 098	84.2	小麦、谷子、高粱、玉米、马铃薯、黍
1980	5 398	116.3	小麦、谷子、高粱、玉米、马铃薯
1990	7 228	178.3	谷子、高粱、玉米、马铃薯
2000	78 190	199	玉米、马铃薯、谷子、黍
2010	113 483	280.3	玉米、马铃薯、谷子、黍

二、农业发展现状

广灵县农业生产以种植业和养殖业为主，2012年广灵县种养业收入91 817.25万元，占全县农村经济总收入68.5%。据统计部门统计，2012年广灵县农作物总播面积47.8万亩，粮食总产13.13万吨，亩产322.09千克。在粮食播种面积中，种植面积比较大的作物是玉米、谷子、黍、马铃薯等。其中，玉米播种面积25.5万亩，总产11.4万吨，分别占全县农作物总播面积、粮食总产53.4%、86.8%。见表1-4。

表1-4 2012年主要种植农作物种类总产及单产

作　物	播种面积（亩）	总产（吨）	单产（千克）	主要分布范围
玉　米	254 749.5	114 163.8	448	平川区、旱平地
谷　子	33 495	4 519.6	135	丘陵区
其他谷物	63 667.5	6 777.6	107	丘陵区
马铃薯	32 515.5	4 199.4	129.2	丘陵区
豆　类	23 026.5	1 621.9	70.4	丘陵区
油料作物	29 034	1 621	55.8	丘陵区
蔬　菜	38 126.5	92 190	2 418	平川区

三、农村经济概况

据2012年统计，广灵县总人口18.39万人。其中，农业人口15.3万人。在农业人口中，农村劳动力55 297人。2012年，全县粮食总产13.13万吨，年末大牲畜饲养量38 300头，存栏31 800头，其中牛饲养量15 200头，存栏12 600头；生猪饲养量111 500头，存栏64 000头；羊饲养量371 000只，存栏256 000只。农业机械总动力12.3万千瓦，拥有大中型拖拉机398台，小型拖拉机1 370台，各种配套农机具2 287部，其中大中型607部，小型1 680部。

2012年，广灵县农村经济收入133 989.65万元，其中农业收入73 315.85万元，林业收入1 576.6万元，牧业收入18 501.4万元，工副业收入5 915.4万元，建筑业收入5 536.7万元，运输业收入6 318.1万元，商饮业收入4 649.8万元，服务业收入11 813.9万元，其他收入6 361.9万元。总费用72 177.193万元，净收入61 812.457万元，农民外出务工收入6 564.97万元，全县农村可分配收入68 377.427万元，农民从集体再分配收入351.583万元，农民收入总额67 781.08万元，农民人均纯收入4 417元，属国家级贫困县。

目前，在农业发展方面存在的主要问题：

1. 农田基础设施不完善　广灵县共有耕地49.35万亩，其中，高产稳产田为103 781.81亩，中低产田为389 737.17亩。在中低产田中，干旱灌溉型126 847.03亩、坡改梯型132 750.48亩，瘠薄培肥型130 139.66亩。要加大中低产田改造力度，平川区要加大农田水利基本建设力度，变不保浇地成保浇地，变中低产田地成高产稳产田，基本实现田、林、路、渠、机、电、井“七配套”；丘陵区要加大坡改梯和瘠薄地改造力度，变跑水、跑土、跑肥的“三跑田”成保水、保土、保肥的“三保田”，大力提供耕地的综合生产能力。

2. 设施农业建设水平较低　2009年以来，广灵县发展设施蔬菜8 000亩，但都是近几年发展起来的农民种植技术还有待提高，市场流通环节还有待于进一步完善。按照“十二五”规划，广灵县要建成京、津地区农副产品供给基地，设施蔬菜发展到3万亩，就必须加大投资力度，不仅要加大设施农业的投资力度，也要加大市场建设力度和农民技术培训力度，加大新技术和新品种引进和试验示范力度。

3. 现代农业产业化水平低　现代农业产业化水平低具体表现在：一是市场拉动能力低，全县涉农企业有20多家，但都存在规模小、技术含量低，还没有形成一个产、供、销，贸、工、农一体化现代化龙头企业，市场交易量小，配套设施简陋、信息传递滞后，管理服务差、经济效益较低；二是企业带动不够。大量的优质农产品缺乏加工，仅以出售原料为主，价格低，效益差。

4. 县域经济支撑力不够　广灵县是国家级贫困县，全年财政收入刚刚达到1亿多元，没有更多的资金投入农业，农业基础设施投入欠账太多，再加上农村集体经济相当薄弱，没有能力支撑“一县一业”“一村一品”的产业格局。

第三节　耕地利用与保养管理

一、主要耕作方式及影响

广灵县的农作物种植方式为一年一作，农田耕作形式主要有深耕、浅耕、中耕、耙耱等。耕作工具有犁、锄、耱等。农田耕作方式平川区以机械耕作为主，山区以畜耕步犁为主。秋季一般进行深耕，耕深25～30厘米，秋耕的作用是增加耕作层厚度，打破犁底层，积纳更多的秋雨、春雨。春季结合施肥进行浅耕，耕深20～25厘米。中耕松土在作物生长期间进行，使用的工具是锄，中耕的作用是铲除田间杂草，破除土壤板结，切断土壤毛细管，提高地温，防止土壤水分过度蒸发，并积纳更多的雨水。耙耱在耕地后进行，使用工具是耙或耱，耙耱的作用是填平犁沟、破除土坷垃、压实土壤，在土壤表层形成2～3厘米细土层，防止土壤水分蒸发。目前，有很大一部分耕地不进行秋耕，以春耕施肥为主，即秋免耕，减少了耕作费用，也能保蓄一定的土壤水分，有利于来年的春耕播种。

二、耕地利用现状、生产管理及效益

广灵县种植作物平川区以玉米、蔬菜为主，丘陵区以马铃薯、谷黍为主。最近几年，丘陵区玉米种植面积逐年扩大，2012年全县玉米种植面积达到了25.5万亩，占到全县耕地面积52%以上。水浇地灌溉水源以地下水为主，井深80～90米；其次，有下河湾、枕头河两个比较大的水库，大多采用管灌、畦灌。玉米地一般春灌1次，在玉米大喇叭口或孕穗期各灌溉1次。1次灌水量150立方米左右。平均费用为60～80元/（亩·次）。旱地播种土壤墒情好时以抢墒播种为主，以种植玉米为主并进行地膜覆盖。平川区水浇地一般亩产玉米为600～700千克，高水肥地可达800千克以上。山区沟湾地旱地马铃薯一般亩产为1 500～2 000千克，玉米为500～600千克，坡耕地梯田马铃薯为1 000～1 500千克，玉米为400～500千克。

种植效益分析：平川区水浇地以玉米为例，一般年份玉米亩产按800千克计算，每千克售价2元，产值1 600元，生产性投入660元（水费240元、种子60元、化肥200元、耕地30元、地膜30元），亩纯收入940元。

山区旱地以马铃薯为例：一般年份马铃薯亩产按750千克计算，每千克1.2元，亩产值900元，投入330元（化肥150元、种子150元、耕作30元），亩纯收入570元。

种植蔬菜亩收入一般为2 000～3 000元，高的可达4 000～5 000元。

三、施肥现状与耕地养分演变

广灵县耕地土壤施肥分为两个阶段，20世纪50～60年代直至70年代为有机肥投入阶段，农田养分投入以有机肥为主，农作物从农田带走的养分量远远大于施入量，造成土壤养分缺乏，肥力低下，农作物产量低而不稳。据测算农田养分全部处于亏空状态。20世纪70年代末至今，为化肥投入阶段。氮肥、磷肥的大量施用，使农田养分收支除钾以

外多数处于盈余状态。2012 年，广灵县施用化肥（折纯量）7 025 吨，其中氮肥 4 144 吨，磷肥 1 775 吨，钾肥 532 吨，复合肥 574 吨。按农作物总播面积计算，广灵县平均亩施用化肥 23 千克。广灵县粮食平均亩产从 20 世纪 60～70 年代不足 100 千克上升到 200 千克以上，化肥成为支撑农作物产量的重要因素之一。

通过 2003 年耕地质量调查结果与 1980 年土壤普查对应的 460 个农化土样养分含量相比，只有有机质含量有所增加，全氮、速效磷、速效钾含量有所减少（表 1－5）。

表 1－5 耕地土壤养分含量与 1980 土壤普查相比增减情况统计表

项 目	有机质（克/千克）	全氮（克/千克）	速效磷（毫克/千克）	速效钾（毫克/千克）
1980 年化验值	9.02	0.07	9.6	55.08
2009 年化验值	11.13	0.07	8.41	113.35
差值	2.11	0	－1.19	58.27

当前施肥存在的主要问题：一是有机肥施用量不足，土壤养分供应以化肥供应所占比例较大。据调查，目前有 50％的耕地不施用有机肥或施用量很少；二是高水肥地施肥相对较多，中低产田施肥相对较少，经济作物施肥相对较多，粮食作物相对施肥较少；三是化肥结构不合理，氮肥、磷肥施用量过多，钾肥施用量不足，氮、磷、钾比例不协调。总而言之，土壤有机肥施用量的严重不足，这将会造成土壤有机质含量不足，土壤全氮含量不高。降低了土壤保水保肥、供水供肥性能，进而对进一步提高化肥的利用率不利，对今后农业可持续发展不利。

四、农田环境质量与历史变迁

农田环境质量的好坏，直接影响农产品的产量和品质。广灵是一个典型的农业县，矿产资源匮乏，工业基础薄弱，全县较大的工矿企业不足 10 家，农业耕地受工业“三废”污染的程度很小，但也不能轻视。耕地污染源或潜在污染源主要有：

1. 废水 据统计，广灵县废水排放量 184 万吨，主要是生活废水，其中 128.7 万吨生活废水经县污水处理厂处理排放。工业企业中的高污染高能耗企业均已关停，其余生产企业废水循环利用，实现了零排放。各种废水全部排入壶流河。由于广灵县和壶流河上游县纸浆厂关闭，县化肥厂改制，目前壶流河水质清澈，出境断面符合排放标准。

2. 废气 2012 年，广灵县废气年排量 121 万立方米，均为生产排放。废气中烟（粉）尘 3 710 吨，二氧化硫 1 721 吨。

3. 废渣 广灵县工业城镇年固体废弃物排放 9.1 万吨，其中工业炉渣 6.8 万吨，生活垃圾 2.3 万吨，生活垃圾均经广灵县垃圾处理厂处理排放。对耕地有污染或潜在污染的主要是城镇生活垃圾。

4. 农用塑料薄膜 2012 年，广灵县农业用塑料薄膜 400 吨。除少数大棚膜以外，多数是地膜。地膜用完以后绝大部分留在了田间地头和耕地土壤中，造成白色污染。

5. 农药、化肥 2012 年，广灵县农药用量 77 吨，化肥用量（折纯）7 025 吨。如果农药化肥使用不当，容易造成土壤污染。

据2002年山西省农业环境监测站测定，广灵县土壤最大污染项目是铬，污染等级为二级，污染水平为警戒限。镉、铅、砷、铜、硝酸盐、六六六、滴滴涕，污染等级为一级，污染水平为安全。土壤环境质量符合无公害农产品生产的要求。

五、耕地利用与保养管理

耕地是人类赖以生存最基本的生产资料，如何利用好耕地，保护好耕地，是关系到国计民生的大事情。随着人口的增长，人们对耕地的依赖程度将越来越重视。从20世纪60年代“农业学大寨”开始，开展了大规模的农田基本建设。依据平川区和丘陵区的各自特点，平川区以农田水利建设为主，丘陵区以坡改梯为主。

平川区是地下水汇集区，地下水埋深浅且丰富，为发展农田灌溉提供了丰富的水源。在广灵县20.5万亩水浇地中，有18万亩分布在平川区，占平川区耕地92%，占全县水浇地面积87.8%。

发展井灌，也使旱平地得到了良好的改良。井灌事业的发展，促进了当地农业的发展，但也造成地下水被大量开采，地下水位急剧下降的严重后果。解决的办法：一是合理用水，节约用水，多发展一些管灌防渗灌溉；二是在种植上种植一些抗旱的高产作物，扩大地膜覆盖面积；三是在有条件的地方积极发展洪灌、河灌。

山丘区耕地土地高吊，地形起伏大，土体干旱，水土流失严重，是广灵县中低产田集中分布区。山丘区耕地土壤的农田基础设施可分为两大块，即灌溉设施和坡改梯工程。

1. 灌溉设施　在一些山间盆地、沟坪地，也是地下水富积区，主要工程有修筑堤坝、打井、平整地等。堤坝主要修筑在易被洪水冲击的地方，也叫护地坝。重要的堤坝有下河湾堤坝，主要在壶泉镇和蕉山乡、加斗乡；枕头河堤坝，在壶泉镇乡。打井是低山丘陵区发展灌溉事业的主要措施。在低山丘陵区水浇地3.9万亩中，95%是由井水灌溉的，少部分是由山间泉水、塘坝水灌溉的。低山丘陵区大的灌溉区有宜兴乡的直峪灌区、南村镇的南村灌区等。

2. 坡改梯工程　低山丘陵区耕地90%以上都存在有比较严重的水土流失现象，沟壑纵横，土地高吊，农田作业极为不便。据测算，南部丘陵区年侵蚀模数为3.7吨/亩，有沟壑258亩/平方千米，北部丘陵区年侵蚀模数为2.6～2.7吨/亩，有沟壑135亩/平方千米。为了把跑水、跑肥、跑土的“三跑田”变成保水、保肥、保土的“三保田”，在一些坡度不大的坡耕地，采取了坡改梯的工程措施。目前，坡改梯的面积已达到了2.8万亩，占到了坡耕地面积的20%以上。通过坡改梯，土壤肥力水平提高了一个等级。

在耕地保护方面，广灵县政府严格控制征用占用耕地。确需征用占用的，必须严格按照有关法律、法规的规定办理审批手续。严禁擅自在耕地内建窑、建房、建坟或者挖沙、取土、采石和堆放、排放废弃物。认真搞好村镇规划。村镇建设要集中紧凑、合理布局，尽可能利用荒坡地、废弃地、不占好地。搞好土地的复垦，对废基地、废砖窑、旧公路等能改造成耕地的废弃地，尽量改造成耕地。严格做到耕地的占补平衡。

第二章　耕地地力调查与质量评价的内容和方法

根据《全国耕地地力调查与质量评价技术规程》和《全国测土配方施肥技术规范》的要求（以下简称《规程》和《规范》），通过肥料效应田间试验、样品采集与制备、田间基本情况调查、土壤与植株测试、肥料配方设计、配方肥料合理使用、效果反馈与评价、数据汇总、报告撰写等内容、方法与操作规程和耕地地力评价方法的工作过程，进行耕地地力调查和质量评价。这次调查和评价是基于4个方面进行的：一是通过耕地地力调查与评价，合理调整农业结构、满足市场对农产品多样化、优质化的要求以及经济发展的需要；二是全面了解耕地质量现状，为无公害农产品、绿色食品、有机食品生产提供科学依据，为人民提供健康安全食品；三是针对耕地土壤的障碍因子，提出中低产田改造、防止土壤退化及修复已污染土壤的意见和措施，提高耕地综合生产能力；四是通过调查，建立全县耕地资源信息管理系统和测土配方施肥专家咨询系统，对耕地质量和测土配方施肥实行计算机网络管理，形成较为完善的测土配方施肥数据库，为农业增产增效、农民增收提供科学决策依据，保证农业可持续发展。

第一节　工作准备

一、组织准备

由山西省农业厅牵头成立测土配方施肥和耕地地力调查领导小组、专家组、技术指导组，广灵县成立相应的领导小组、办公室、野外调查队和室内资料数据汇总组。

二、物资准备

根据《规程》和《规范》的要求，进行了充分物质准备，先后配备了GPS定位仪、不锈钢土钻、计算机、钢卷尺、100立方厘米环刀、土袋、可封口塑料袋、水样瓶、水样固定剂、化验药品、化验室仪器以及调查表格等。并在原来土壤化验室基础上，进行必要补充和维修，为全面调查和室内化验分析做好了充分物质准备。

三、技术准备

由山西省土壤肥料工作站领导，协同山西农业大学资源环境学院相关专家，大同市土壤肥料工作站以及广灵县土壤肥料工作站相关技术人员，组成技术指导组。技术指导组根据《规程》和《山西省2005年区域性耕地地力调查与质量评价实施方案》及《规范》，制定了《广灵县测土配方施肥技术规范及耕地地力调查与质量评价技术规程》，并编写了技术培训教材。在采样调查前对采样调查人员进行认真、系统的技术培训。

四、资料准备

按照《规程》和《规范》的要求，收集了广灵县行政规划图、地形图、第二次土壤普查成果图、土地利用现状图、农田水利分区图等图件。收集了第二次土壤普查成果资料，基本农田保护区地块基本情况、基本农田保护区划统计资料，大气和水质量污染分布及排污资料，玉米、蔬菜、马铃薯等农作物面积、品种、产量及污染等有关资料，农田水利灌溉区域、面积及地块灌溉保证率，退耕还林规划，肥料、农药使用品种及数量、肥力动态监测等资料。

第二节　室内预研究

一、确定采样点位

（一）布点与采样原则

为了使土壤调查所获取的信息具有一定的典型性和代表性，提高工作效率，节省人力和资金。采样点参考县级土壤图，做好采样规划设计，确定采样点位。实际采样时严禁随意变更采样点，若有变更须注明理由。在布点和采样时主要遵循了以下原则：一是布点具有广泛的代表性，同时兼顾均匀性。根据土壤类型、土地利用等因素，将采样区域划分为若干个采样单元，每个采样单元的土壤性状要尽可能均匀一致；二是采集的样品具有典型性，能代表其对应的评价单元最明显、最稳定、最典型的特征，尽量避免各种非调查因素的影响；三是所调查农户随机抽取，按照事先所确定采样地点寻找符合基本采样条件的农户进行，采样在符合要求的同一农户的同一地块内进行。

（二）布点方法

按照《规程》和《规范》，结合广灵县实际，将大田样点密度定为平原区、丘陵区平均每80～150亩一个点位，实际布设大田样点4 100个。一是依据山西省第二次土壤普查土种归属表，把那些图斑面积过小的土种，适当合并至母质类型相同、质地相近、土体构型相似的土种，修改编绘出新的土种图；二是将归并后的土种图和土地利用现状图叠加，形成评价单元；三是根据评价单元的个数及相应面积，在样点总数的控制范围内，初步确定不同评价单元的采样点数；四是在评价单元中，根据图斑大小、种植制度、作物种类、产量水平等因素的不同，确定布点数量和点位，并在图上予以标注；五是不同评价单元的取样数量和点位确定后，按照土种、作物品种、产量水平等因素，分别统计其相应的取样数量。当某一因素点位数过少或过多时，再根据实际情况进行适当调整。

二、确定采样方法

1. 采样时间　在大田作物收获后、秋播作物施肥前进行。按叠加图上确定的调查点位去野外采集样品。通过向农民实地了解当地的农业生产情况，确定最具代表性的同一农户的同一块田采样，田块面积均在1亩以上，并用GPS定位仪确定地理坐标和海拔高程，记录经纬度，精确到0.1″。依此准确方位修正点位图上的点位位置。

2. 调查、取样　向已确定采样田块的户主，按农户地块调查表格的内容逐项进行调查并认真填写。调查严格遵循实事求是的原则，对描述不清的农户，通过访问地力水平相当、位置基本一致的其他农户或对实物进行核对推算。采样主要采用“S”法，均匀随机采取15～20个采样点，充分混合后，四分法留取1千克组成一个土壤样品，并装入已准备好的土袋中。

3. 采样工具　主要采用不锈钢土钻，采样过程中努力保持土钻垂直，样点密度均匀，基本符合厚薄、宽窄、数量的均匀特征。

4. 采样深度　为0～20厘米耕作层土样。

5. 采样记录　填写两张标签，土袋内外各具1张，注明采样编号、采样地点、采样人、采样日期等。采样同时，填写大田采样点基本情况调查表和大田采样点农户调查表。

三、确定调查内容

根据《规范》的要求，按照《测土配方施肥采样地块基本情况调查表》认真填写。这次调查的范围是基本农田保护区耕地和园地（包括蔬菜、果园和其他经济作物田），调查内容主要有4个方面：一是与耕地地力评价相关的耕地自然环境条件，农田基础设施建设水平和土壤理化性状，耕地土壤障碍因素和土壤退化原因等；二是与农产品品质相关的耕地土壤环境状况，如土壤的富营养化、养分不平衡与缺乏微量元素和土壤污染等；三是与农业结构调整密切相关的耕地土壤适宜性问题等；四是农户生产管理情况调查。

以上资料的获得，一是利用第二次土壤普查和土地利用详查等现有资料，通过收集整理而来；二是采用以点带面的调查方法，经过实地调查访问农户获得的；三是对所采集样品进行相关分析化验后取得；四是将所有有限的资料、农户生产管理情况调查资料、分析数据录入到计算机中，并经过矢量化处理形成数字化图件、插值，使每个地块均具有各种资料信息，来获取相关资料信息。这些资料和信息，对分析耕地地力评价与耕地质量评价结果及影响因素具有重要意义。如通过分析农户投入和生产管理对耕地地力土壤环境的影响，分析农民现阶段投入成本与耕地质量直接的关系，有利于提高成果的现实性，引起各级领导的关注。通过对每个地块资源的充实完善，可以从微观角度，对土、肥、气、热、水资源运行情况有更周密的了解，提出管理措施和对策，指导农民进行资源合理利用和分配。通过对全部信息资料的了解和掌握，可以宏观调控资源配置，合理调整农业产业结构，科学指导农业生产。

四、确定分析项目和方法

根据《规程》及《山西省耕地地力调查及质量评价实施方案》和《规范》要求，土壤质量调查样品检测项目为：pH、有机质、全氮、碱解氮、全磷、有效磷、全钾、速效钾、缓效钾、有效硫、阳离子交换量、有效铜、有效锌、有效铁、有效锰、水溶性硼、有效钼17个项目。其分析方法均按全国统一规定的测定方法进行。

五、确定技术路线

广灵县耕地地力调查与质量评价所采用的技术路线见图2-1。

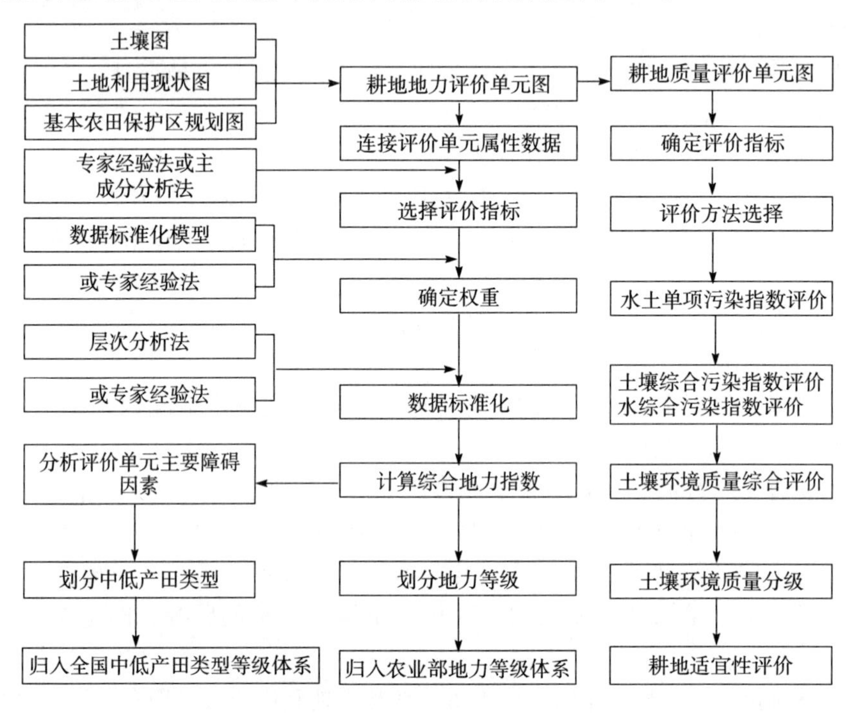

图2-1 耕地地力调查与质量评价技术路线流程图

1. 确定评价单元 利用基本农田保护区区划图、土壤图和土地利用现状图叠加的图斑为基本评价单元。相似相近的评价单元至少采集一个土壤样品进行分析，在评价单元图上连接评价单元属性数据库，用计算机绘制各评价因子图。

2. 确定评价因子 根据全国、省级耕地地力评价指标体系并通过农业专家论证来选择广灵县县域耕地地力评价因子。

3. 确定评价因子权重 用模糊数学德尔菲法和层次分析法将评价因子标准数据化，并计算出每一评价因子的权重。

4. 数据标准化 选用隶属函数法和专家经验法等数据标准化方法，对评价指标进行数据标准化处理，对定性指标要进行数值化描述。

5. 综合地力指数计算　用各因子的地力指数累加得到每个评价单元的综合地力指数。

6. 划分地力等级　根据综合地力指数分布的累积频率曲线法或等距法，确定分级方案，并划分地力等级。

7. 归入全国耕地地力等级体系　依据《全国耕地类型区、耕地地力等级划分》（NY/T 309—1996），归纳整理各级耕地地力要素主要指标，结合专家经验，将各级耕地地力归入全国耕地地力等级体系。

8. 划分中低产田类型　依据《全国中低产田类型划分与改良技术规范》（NY/T 310—1996），分析评价单元耕地土壤主要障碍因素，划分并确定中低产田类型。

第三节　野外调查及质量控制

一、调查方法

野外调查的重点是对取样点的立地条件、土壤属性、农田基础设施条件、农户栽培管理成本、收益及污染等情况全面了解、掌握。

1. 室内确定采样位置　技术指导组根据要求，在1∶10 000评价单元图上确定各类型采样点的采样位置，并在图上标注。

2. 培训野外调查人员　抽调技术素质高、责任心强的农业技术人员，尽可能抽调第二次土壤普查人员，经过为期3天的专业培训和野外实习，组成9支野外调查队，共36人参加野外调查。

3. 根据《规程》和《规范》要求，严格取样　各野外调查支队根据图标位置，在了解农户农业生产情况基础上，确定具有代表性田块和农户，用GPS定位仪进行定位，依据田块准确方位修正点位图上的点位位置。

4. 填写调查表格　按照《规程》、省级实施方案要求规定和《规范》规定，填写调查表格，并将采集的样品统一编号，带回室内化验。

二、调查内容

（一）基本情况调查项目

1. 采样地点和地块　地址名称采用民政部门认可的正式名称。地块采用当地的通俗名称。

2. 经纬度及海拔高度　由GPS定位仪进行测定。

3. 地形地貌　以形态特征划分为五大地貌类型，即山地、丘陵、平原、高原及盆地。

4. 地形部位　指中小地貌单元。主要包括河漫滩、一级阶地、二级阶地、高阶地、坡地、梁地、垣地、峁地、山地、沟谷、洪积扇（上、中、下）、倾斜平原、河槽地、冲积平原。

5. 坡度　一般分为<2.0°、2.1°～5.0°、5.1°～8.0°、8.1°～15.0°、15.1°～25.0°、≥25.0°。

6. 侵蚀情况 按侵蚀种类和侵蚀程度记载，根据土壤侵蚀类型可划分为水蚀、风蚀、重力侵蚀、冻融侵蚀、混合侵蚀等，侵蚀程度通常分为无明显、轻度、中度、强度、极强度等6级。

7. 潜水深度 指地下水深度，分为深位（3～5米）、中位（2～3米）、浅位（≤2米）。

8. 家庭人口及耕地面积 指每个农户实有的人口数量和种植耕地面积（亩）。

（二）土壤性状调查项目

1. 土壤名称 统一按第二次土壤普查时的连续命名法填写，详细到土种。

2. 土壤质地 国际制；全部样品均需采用手摸测定；质地分为：沙土、沙壤、壤土、黏壤、黏土5级。室内选取10%的样品采用比重计法（粒度分布仪法）测定。

3. 质地构型 指不同土层之间质地构造变化情况。一般可分为通体壤、通体黏、通体沙、黏夹沙、底沙、壤夹黏、多砾、少砾、夹砾、底砾、少姜、多姜等。

4. 耕层厚度 用铁锹垂直铲下去，用钢卷尺按实际进行测量确定。

5. 障碍层次及深度 主要指沙土、黏土、砾石、料姜等所发生的层位、层次及深度。

6. 盐碱情况 按盐碱类型划分为苏打盐化、硫酸盐盐化、氯化物盐化、混合盐化等。按盐化程度分为重度、中度、轻度等，碱化也分为轻、中、重度等。

7. 土壤母质 按成因类型分为保德红土、残积物、河流冲积物、洪积物、黄土状冲积物、马兰黄土等类型。

（三）农田设施调查项目

1. 地面平整度 按大范围地形坡度分为平整（<2°）、基本平整（2°～5°）、不平整（>5°）。

2. 梯田化水平 分为地面平坦、园田化水平高，地面基本平坦、园田化水平较高，高水平梯田，缓坡梯田，新修梯田，坡耕地6种类型。

3. 田间输水方式 管道、防渗渠道、土渠等。

4. 灌溉方式 分为漫灌、畦灌、沟灌、滴灌、喷灌、管灌等。

5. 灌溉保证率 分为充分满足、基本满足、一般满足、无灌溉条件4种情况或按灌溉保证率（%）计。

6. 排涝能力 分为强、中、弱3级。

（四）生产性能与管理情况调查项目

1. 种植（轮作）制度 分为一年一熟、一年两熟、两年三熟等。

2. 作物（蔬菜）种类与产量 指调查地块上年度主要种植作物及其平均产量。

3. 耕翻方式及深度 指翻耕、旋耕、耙地、耱地、中耕等。

4. 秸秆还田情况 分翻压还田、覆盖还田等。

5. 设施类型棚龄或种菜年限 分为薄膜覆盖、塑料拱棚、温室等，棚龄以正式投入算起。

6. 上年度灌溉情况 包括灌溉方式、灌溉次数、年灌水量、水源类型、灌溉费用等。

7. 年度施肥情况 包括有机肥、氮肥、磷肥、钾肥、复合（混）肥、微肥、叶面肥、微生物肥及其他肥料施用情况，有机肥要注明类型，化肥指纯养分。

8. 上年度生产成本　包括化肥、有机肥、农药、农膜、种子（种苗）、机械人工及其他。

9. 上年度农药使用情况　农药作用次数、品种、数量。

10. 收入情况　产品销售及收入情况。

11. 种子情况　作物品种及种子来源。

12. 蔬菜效益　指当年纯收益。

三、采样数量

在广灵县共采集大田土壤样品 4 100 个。

四、采样控制

野外调查采样是此次调查评价的关键。既要考虑采样代表性、均匀性，也要考虑采样的典型性。根据广灵县的区划划分特征，分别在平川区的前洪积扇、二级阶地、一级阶地、河漫滩、丘陵区的（上部、中部、下部）、沟谷地，以及不同作物类型、不同地力水平的农田严格按照《规程》和《规范》要求均匀布点，并按图标布点实地核查后进行定点采样。

第四节　样品分析及质量控制

一、分析项目及方法

（1）pH：土液比 1∶2.5，电位法测定。
（2）有机质：采用油浴加热重铬酸钾氧化容量法测定。
（3）全磷：采用氢氧化钠熔融-钼锑抗比色法测定。
（4）有效磷：采用碳酸氢钠或氟化铵-盐酸浸提-钼锑抗比色法测定。
（5）全钾：采用氢氧化钠熔融-火焰光度计或原子吸收分光光度计法测定。
（6）速效钾：采用乙酸铵浸提-火焰光度计或原子吸收分光光度计法测定。
（7）全氮：采用凯氏蒸馏法测定。
（8）碱解氮：采用碱解扩散法测定。
（9）缓效钾：采用硝酸提取-火焰光度法测定。
（10）有效铜、锌、铁、锰：采用 DTPA 提取-原子吸收光谱法测定。
（11）有效钼：采用草酸-草酸铵浸提-极谱法草酸-草酸铵提取、极谱法测定。
（12）水溶性硼：采用沸水浸提-甲亚胺-H 比色法或姜黄素比色法测定。
（13）有效硫：采用磷酸盐-乙酸或氯化钙浸提-硫酸钡比浊法测定。
（14）有效硅：采用柠檬酸浸提-硅钼蓝色比色法测定。
（15）交换性钙和镁：采用乙酸铵提取-原子吸收光谱法测定。

（16）阳离子交换量：采用 EDTA-乙酸铵盐交换法测定。

二、分析测试质量控制

分析测试质量主要包括野外调查取样后样品风干、处理与实验室分析化验质量，其质量的控制是调查评价的关键。

（一）样品风干及处理

常规样品如大田样品，及时放置在干燥、通风、卫生、无污染的室内风干，风干后送化验室处理。

将风干后的样品平铺在制样板上，用木棍或塑料棍碾压，并将植物残体、石块等侵入体和新生体剔除干净。细小已断的植物须根，可采用静电吸附的方法清除。压碎的土样用2毫米孔径筛过筛，未通过的土粒重新碾压，直至全部样品通过2毫米孔径筛为止。通过2毫米孔径筛的土样可供 pH、盐分、交换性能及有效养分等项目的测定。

将通过2毫米孔径筛的土样用四分法取出一部分继续碾磨，使之全部通过0.25毫米孔径筛，供有机质、全氮、碳酸钙等项目的测定。

用于微量元素分析的土样，其处理方法同一般化学分析样品，但在采样、风干、研磨、过筛、运输、储存等环节都要特别注意，不要接触容易造成样品污染的铁、铜等金属器具。采样、制样推荐使用不锈钢、木、竹或塑料工具，过筛使用尼龙网筛等。通过2毫米孔径尼龙筛的样品可用于测定土壤有效态微量元素。

将风干土样反复碾碎，用2毫米孔径筛过筛。留在筛上的碎石称量后保存，同时将过筛的土壤称重，计算石砾质量百分数。将通过2毫米孔径筛的土样混匀后盛于广口瓶内，用于颗粒分析及其他物理性质测定。若风干土样中有铁锰结核、石灰结核、铁子或半风化体，不能用木棍碾碎，应首先将其细心拣出称量保存，然后再进行碾碎。

（二）实验室质量控制

1. 在测试前采取的主要措施

（1）按《规程》要求制订了周密的采样方案，尽量减少采样误差（把采样作为分析检验的一部分）。

（2）正式开始分析前，对检验人员进行了为期2周的培训：对监测项目、监测方法、操作要点、注意事项一一进行培训，并进行了质量考核，为监验人员掌握了解项目分析技术、提高业务水平、减少误差等奠定了基础。

（3）收样登记制度：制订了收样登记制度，将收样时间、制样时间、处理方法与时间、分析时间一一登记，并在收样时确定样品统一编码、野外编码及标签等，从而确保了样品的真实性和整个过程的完整性。

（4）测试方法确认（尤其是同一项目有几种检测方法时）：根据实验室现有条件、要求规定及分析人员掌握情况等确立最终采取的分析方法。

（5）测试环境确认：为减少系统误差，对实验室温湿度、试剂、用水、器皿等一一检验，保证其符合测试条件。对有些相互干扰的项目分开实验室进行分析。

（6）检测用仪器设备及时进行计量检定，定期进行运行状况检查。

2. 在检测中采取的主要措施

（1）仪器使用实行登记制度，并及时对仪器设备进行检查维修和调整。

（2）严格执行项目分析标准或规程，确保测试结果准确性。

（3）坚持平行试验、必要的重显性试验，控制精密度，减少随机误差。

每个项目开始分析时每批样品均须做100%平行样品，结果稳定后，平行次数减少50%，最少保证做10%～15%平行样品。每个化验人员都自行编入明码样做平行测定，质控员还编入10%密码样进行质量控制。

平行双样测定结果的误差在允许的范围之内为合格；平行双样测定全部不合格者，该批样品须重新测定；平行双样测定合格率<95%时，除对不合格的重新测定外，再增加10%～20%的平行测定率，直到总合格率达95%。

（4）坚持带质控样进行测定：

①与标准样对照。分析中，每批次带标准样品10%～20%，以测定的精密度合格的前提下，标准样测定值在标准保证值（95%的置信水平）范围的为合格，否则本批结果无效，进行重新分析测定。

②加标回收法。对灌溉水样由于无标准物质或质控样品，采用加标回收试验来测定准确度。

加标率，在每批样品中，随机抽取10%～20%试样进行加标回收测定。

加标量，被测组分的总量不得超出方法的测定上限。加标浓度宜高，体积应小，不应超过原定试样体积的1%。

加标回收率在90%～110%范围内的为合格。

$$回收率（\%）=\frac{测得总量-样品含量}{标准加入量}\times 100$$

根据回收率大小，也可判断是否存在系统误差。

（5）注重空白试验：全程空白值是指用某一方法测定某物质时，除样品中不含该物质外，整个分析过程中引起的信号值或相应浓度值。它包含了试剂、蒸馏水中杂质带来的干扰，从待测试样的测定值中扣除，可消除上述因素带来的系统误差。如果空白值过高，则要找出原因，采取其他措施（如提纯试剂、更新试剂、更换容器等）加以消除。保证每批次样品做2个以上空白样，并在整个项目开始前按要求做全程序空白测定，每次做2个平行空白样，连测5天共得10个测定结果，按下式计算批内标准偏差S_{wb}：

$$S_{wb}=[\sum(X_i-X_{平})^2/m(n-1)^{1/2}]$$

式中：n——每天测定平均样个数；

m——测定天数。

（6）做好校准曲线：比色分析中标准系列保证设置6个以上浓度点。浓度和吸光值按以下一元线性回归方程计算其相关系数：

$$Y=a+bX$$

式中：Y——吸光度；

X——待测液浓度；

a——截距；

b——斜率。

要求标准曲线相关系数 $r \geqslant 0.999$。

校准曲线控制：①每批样品皆需做校准曲线；②标准曲线力求 $r \geqslant 0.999$，且有良好重现性；③大批量分析时每测 10～20 个样品要用一标准液校验，检查仪器状况；④待测液浓度超标时不能任意外推。

（7）用标准物质校核实验室的标准滴定溶液：标准物质的作用是校准。对测量过程中使用的基准纯、优级纯的试剂进行校验。校准合格才准用，确保量值准确。

（8）详细、如实记录测试过程，使检测条件可再现、检测数据可追溯。对测量过程中出现的异常情况也及时记录，及时查找原因。

（9）认真填写测试原始记录，测试记录做到：如实、准确、完整、清晰。记录的填写、更改均制定了相应制度和程序。当测试由一人读数一人记录时，记录人员复读多次所记的数字，减少误差发生。

3. 检测后主要采取的技术措施

（1）加强原始记录校核、审核，实行“三审三校”制度，对发现的问题及时研究、解决，或召开质量分析会，达成共识。

（2）运用质量控制图预防质量事故发生：对运用均值—极差控制图的判断，参照《质量专业理论与实名》中的判断准则。对控制样品进行多次重复测定，由所得结果计算出控制样的平均值 X 及标准差 S（或极差 R），就可绘制均值—标准差控制图（或均值—极差控制图），纵坐标为测定值，横坐标为获得数据的顺序。将均值 X 做成与横坐标平行的中心级 CL，$X \pm 3S$ 为上下警戒限 UCL 及 LCL，$X \pm 2S$ 为上下警戒限 UWL 及 LWL，在进行试样列行分析时，每批带入控制样，根据差异判异准则进行判断。如果在控制限之外，该批结果为全部错误结果，则必须查出原因，采取措施，加以消除，除“回控”后再重复测定，并控制不再出现，如果控制样的结果落在控制限和警戒限之间，说明精密度已不理想，应引起注意。

（3）控制检出限：检出限是指对某一特定的分析方法在给定的置信水平内，可以从样品中检测的待测物质的最小浓度或最小量。根据空白测定的批内标准偏差（S_{wb}）按下列公式计算检出限（95%的置信水平）。

①若试样一次测定值与零浓度试样一次测定值有显著性差异时，检出限（L）按下列公式计算：

$$L = 2 \times 2^{1/2} t_f S_{wb}$$

式中：L——方法检出限；

t_f——显著水平为 0.05（单侧）、自由度为 f 的 t 值；

S_{wb}——批内空白值标准偏差；

f——批内自由度，$f = m(n-1)$，m 为重复测定次数，n 为平行测定次数。

②原子吸收分析方法中检出限计算：$L = 3S_{wb}$。

③分光光度法以扣除空白值后的吸光值为 0.010 相对应的浓度值为检出限。

（4）及时对异常情况处理：

①异常值的取舍：对检测数据中的异常值，按 GB 4883 标准规定采用 Grubbs 法或

Dixon 法加以判断处理。

②因外界干扰（如停电、停水），检测人员应终止检测，待排除干扰后重新检测，并记录干扰情况。当仪器出现故障时，故障排除后校准合格的，方可重新检测。

（5）使用计算机采集、处理、运算、记录、报告、存储检测数据时，应制定相应的控制程序。

（6）检验报告的编制、审核、签发：检验报告是实验工作的最终结果，是试验室的产品。因此，对检验报告质量要高度重视。检验报告应做到完整、准确、清晰、结论正确。必须坚持三级审核制度，明确制表、审核、签发的职责。

除此之外，为保证分析化验质量，提高实验室之间分析结果的可比性，山西省土壤肥料工作站抽查 5%～10%样品在省测试中心进行复核，并编制密码样，对实验室进行质量监督和控制。

4. 技术交流 在分析过程中，发现问题及时交流，改进方法，不断提高技术水平。

5. 数据录入 分析数据按规程和方案要求审核后编码整理，和采样点一一对照，确认无误后进行录入。采取双人录入相互对照的方法，保证录入正确率。

第五节 评价依据、方法及评价标准体系的建立

一、评价原则依据

由山西省土壤肥料工作站领导，协同山西农业大学资源环境学院相关专家，大同市土壤肥料工作站以及广灵县土壤肥料工作站相关技术人员评议，广灵县确定了 5 大因素 9 个因子为耕地地力评价指标。

1. 立地条件 指耕地土壤的自然环境条件，它包含与耕地与质量直接相关的地貌类型及地形部位、成土母质、地面坡度等。

（1）地形部位及其特征描述：广灵县由平原到山地垂直分布的主要地形地貌一级阶地、二级阶地，一级阶梯、二级阶梯，河流宽谷，河漫滩等。

（2）成土母质及其主要分布：在广灵县耕地上分布的母质类型有洪积物、河流冲积物、残积物、黄土质（马兰黄土）、花岗生麻岩等。

（3）地面坡度：地面坡度反映水土流失程度，直接影响耕地地力，广灵县将地面坡度小于 25°的耕地依坡度大小分成 6 级（＜2.0°、2.1°～5.0°、5.1°～8.0°、8.1°～15.0°、15.1°～25.0°、≥25.0°）进入地力评价系统。

2. 土体构型 指土壤剖面中不同土层间质地构造变化情况，直接反映土壤发育及障碍层次，影响根系发育、水肥保持及有效供给，主要为耕层厚度。

耕层厚度：按其厚度深浅从高到低依次分为 6 级（＞30 厘米、26～30 厘米、21～25 厘米、16～20 厘米、11～15 厘米、≤10 厘米）进入地力评价系统。

3. 较稳定的理化性状（耕层质地、有机质、盐渍化和 pH）

（1）耕层质地：影响水肥保持及耕作性能。按卡庆斯基制的 6 级划分体系来描述，分别为沙土、沙壤、轻壤、中壤、重壤、黏土。

（2）有机质：土壤肥力的重要指标，直接影响耕地地力水平。按其含量从高到低依次分为 6 级（>25.00 克/千克、20.01～25.00 克/千克、15.01～20.00 克/千克、10.01～15.00 克/千克、5.01～10.00 克/千克、≤5.00 克/千克）进入地力评价系统。

4. 易变化的化学性状（有效磷、速效钾）

（1）有效磷：按其含量从高到低依次分为 6 级（>25.00 毫克/千克、20.1～25.00 毫克/千克、15.1～20.00 毫克/千克、10.1～15.00 毫克/千克、5.1～10.00 毫克/千克、≤5.00 毫克/千克）进入地力评价系统。

（2）速效钾：按其含量从高到低依次分为 6 级（>200 毫克/千克、151～200 毫克/千克、101～150 毫克/千克、81～100 毫克/千克、51～80 毫克/千克、≤50 毫克/千克）进入地力评价系统。

5. 农田基础设施条件　灌溉保证率：指降水不足时的有效补充程度，是提高作物产量的有效途径，分为充分满足，可随时灌溉；基本满足，在关键时期可保证灌溉；一般满足，大旱之年不能保证灌溉；无灌溉条件 4 种情况。

二、评价方法及流程

1. 技术方法

（1）文字评述法：对一些概念性的评价因子（如地形部位、土壤母质、质地构型、质地、梯田化水平、盐渍化程度等）进行定性描述。

（2）专家经验法（德尔菲法）：在山西省农科教系统邀请土肥界具有一定学术水平和农业生产实践经验的 20 名专家，参与评价因素的筛选和隶属度确定（包括概念型和数值型评价因子的评分），见表 2-1。

表 2-1　广灵县力评价数字型因子评分

因　子	平均值	众数值	建议值
立地条件（C_1）	1.0	1（17）	1
土体构型（C_2）	3.3	3（15）4（5）	3
较稳定的理化性状（C_3）	4.3	3（6）5（10）	4
易变化的化学性状（C_4）	4.4	5（13）3（5）	5
农田基础建设（C_5）	1.3	1（13）2（6）	1
地形部位（A_1）	1.0	1（17）	1
成土母质（A_2）	3.6	3（7）4（12）	3
地面坡度（A_3）	1.6	1（4）2（7）	2
耕层厚度（A_4）	1.8	3（7）1（10）	2
耕层质地（A_5）	4.2	3（8）5（12）	4
有机质（A_6）	4.8	5（15）4（5）	5
有效磷（A_7）	2.6	2（7）3（11）	3
速效钾（A_8）	4.5	5（10）4（10）	5
灌溉保证率（A_9）	1.5	1（8）2（7）	1

（3）模糊综合评判法：应用这种数理统计的方法对数值型评价因子（如地面坡度、耕层厚度、土壤容重、有机质、有效磷、速效钾、酸碱度等）进行定量描述，即利用专家给出的评分（隶属度）建立某一评价因子的隶属函数，见表2-2。

表2-2　广灵县耕地地力评价数字型因子分级及其隶属度

评价因子	量纲	一级 量值	二级 量值	三级 量值	四级 量值	五级 量值	六级 量值
地面坡度	°	<2.0	2.0～5.0	5.1～8.0	8.1～15.0	15.1～25.0	≥25
耕层厚度	厘米	>30	26～30	21～25	16～20	11～15	≤10
有机质	克/千克	>25.0	20.01～25.00	15.01～20.00	10.01～15.00	5.01～10.00	≤5.00
有效磷	毫克/千克	>25.0	20.1～25.0	15.1～20.0	10.1～15.0	5.1～10.0	≤5.0
速效钾	毫克/千克	>200	151～200	101～150	81～100	51～80	≤50

（4）层次分析法：用于计算各参评因子的组合权重。本次评价，把耕地生产性能（即耕地地力）作为目标层（G），把影响耕地生产性能的立地条件、土体构型、较稳定的理化性状、易变化的化学性状、农田基础设施条件作为准则层（C），再把影响准则层中的各因素的项目作为指标层（A），建立耕地地力评价层次结构图。在此基础上，由34名专家分别对不同层次内各参评因素的重要性作出判断，构造出不同层次间的判断矩阵。最后计算出各评价因子的组合权重。

（5）指数和法：采用加权法计算耕地地力综合指数，即将各评价因子的组合权重与相应的因素等级分值（即由专家经验法或模糊综合评判法求得的隶属度）相乘后累加，如：

$$IFI = \sum B_i \times A_i (i = 1,2,3,\cdots,15)$$

式中：IFI——耕地地力综合指数；

B_i——第 i 个评价因子的等级分值；

A_i——第 i 个评价因子的组合权重。

2. 技术流程

（1）应用叠加法确定评价单元：把土地利用现状图、土壤图叠加形成的图斑作为评价单元。

（2）空间数据与属性数据的连接：用评价单元图分别与各个专题图叠加，为每一评价单元获取相应的属性数据。根据调查结果，提取属性数据进行补充。

（3）确定评价指标：根据全国耕地地力调查评价指数表，由山西省土壤肥料工作站组织34名专家，采用德尔菲法和模糊综合评判法确定广灵县耕地地力评价因子及其隶属度。

（4）应用层次分析法确定各评价因子的组合权重。

（5）数据标准化：计算各评价因子的隶属函数，对各评价因子的隶属度数值进行标准化。

（6）应用累加法计算每个评价单元的耕地地力综合指数。

（7）划分地力等级：分析综合地力指数分布，确定耕地地力综合指数的分级方案，划分地力等级。

（8）归入农业部地力等级体系：选择10%的评价单元，调查近3年粮食单产（或用基础地理信息系统中已有资料)，与以粮食作物产量为引导确定的耕地基础地力等级进行相关分析，找出两者之间的对应关系，将评价的地力等级归入农业部确定的等级体系(NY/T 309—1996 全国耕地类型区、耕地地力等级划分)。

(9) 采用GIS、GPS系统编绘各种养分图和地力等级图等图件。

三、评价标准体系建立

1. 耕地地力要素的层次结构 见图2-2。

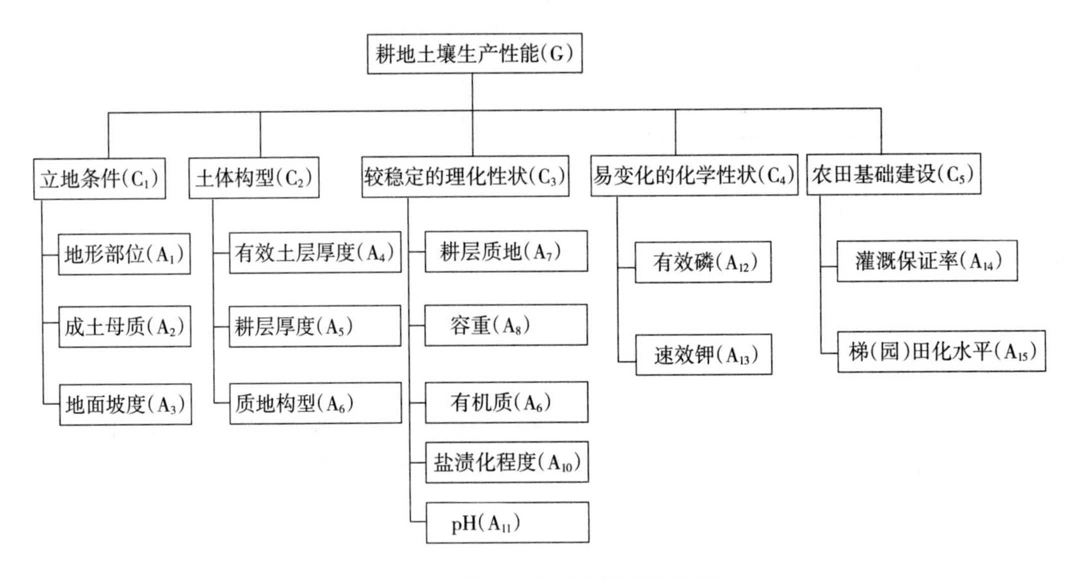

图2-2 耕地地力要素层次结构图

2. 耕地地力要素的隶属度

(1) 概念性评价因子：各评价因子的隶属度及其描述见表2-3。

表2-3 广灵县耕地地力评价概念性因子隶属度及其描述

<table>
<tr><td rowspan="2">地形部位</td><td>描述</td><td>河漫滩</td><td>一级阶地</td><td>二级阶地</td><td>高阶地</td><td>垣地</td><td colspan="3">洪积扇(上、中、下)</td><td>倾斜平原</td><td>梁地</td><td>峁地</td><td>坡麓</td><td>沟谷</td></tr>
<tr><td>隶属度</td><td>0.7</td><td>1.0</td><td>0.9</td><td>0.7</td><td>0.4</td><td>0.4</td><td>0.6</td><td>0.8</td><td>0.8</td><td>0.2</td><td>0.2</td><td>0.1</td><td>0.6</td></tr>
<tr><td rowspan="2">母质类型</td><td>描述</td><td colspan="2">黄土状母质</td><td colspan="2">黄土母质</td><td colspan="2">残积物</td><td colspan="2">洪积物</td><td colspan="2">冲积物</td><td colspan="3">沟淤物</td></tr>
<tr><td>隶属度</td><td colspan="2">0.7</td><td colspan="2">0.9</td><td colspan="2">1.0</td><td colspan="2">0.2</td><td colspan="2">0.3</td><td colspan="3">0.5</td></tr>
<tr><td rowspan="2">耕层质地</td><td>描述</td><td colspan="2">沙土</td><td colspan="2">沙壤</td><td colspan="2">轻壤</td><td colspan="3">中壤</td><td colspan="2">重壤</td><td colspan="2">黏土</td></tr>
<tr><td>隶属度</td><td colspan="2">0.2</td><td colspan="2">0.6</td><td colspan="2">0.8</td><td colspan="3">1.0</td><td colspan="2">0.8</td><td colspan="2">0.4</td></tr>
<tr><td rowspan="2">灌溉保证率</td><td>描述</td><td colspan="3">充分满足</td><td colspan="3">基本满足</td><td colspan="3">一般满足</td><td colspan="4">无灌溉条件</td></tr>
<tr><td>隶属度</td><td colspan="3">1.0</td><td colspan="3">0.7</td><td colspan="3">0.4</td><td colspan="4">0.1</td></tr>
</table>

(2) 数值型评价因子：各评价因子的隶属函数（经验公式）见表2-4。

3. 耕地地力要素的组合权重 应用层次分析法所计算的各评价因子的组合权重见表2-5。

表 2-4　广灵县耕地地力评价数值型因子隶属函数

函数类型	评价因子	经验公式	C	U_t
戒下型	地面坡度（°）	$y=1\ [1+6.492\times10^{-3}\times\ (u-c)^2]$	3.0	≥25
戒上型	耕层厚度（厘米）	$y=1\ [1+4.057\times10^{-3}\times\ (u-c)^2]$	33.8	≤10
戒上型	有机质（克/千克）	$y=1\ [1+2.912\times10^{-3}\times\ (u-c)^2]$	28.4	≤10.00
戒上型	有效磷（毫克/千克）	$y=1\ [1+3.035\times10^{-3}\times\ (u-c)^2]$	28.8	≤5.00
戒上型	速效钾（毫克/千克）	$y=1\ [1+5.389\times10^{-5}\times\ (u-c)^2]$	228.76	≤70

表 2-5　广灵县耕地地力评价因子层次分析结果

指标层	准则层					组合权重
	C_1	C_2	C_3	C_4	C_5	$\sum C_iA_i$
	0.401 2	0.081 2	0.167 8	0.150 9	0.198 9	1.000 0
A_1　地形部位	0.495 8					0.198 9
A_2　成土母质	0.227 5					0.091 3
A_3　地面坡度	0.276 7					0.111 0
A_4　耕层厚度		1.000 0				0.081 2
A_5　耕层质地			0.626 1			0.105 1
A_6　有机质			0.373 9			0.062 7
A_7　有效磷				0.605 2		0.091 3
A_8　速效钾				0.394 8		0.059 6
A_8　灌溉保证率					1.000 0	0.198 9

第六节　耕地资源管理信息系统建立

一、耕地资源管理信息系统的总体设计

（一）总体目标

耕地资源信息系统以一个县行政区域内耕地资源为管理对象，应用 GIS 技术对辖区内的地形、地貌、土壤、土地利用、农田水利、农业生产基本情况、基本农田保护区等资料进行统一管理，构建耕地资源基础信息系统，并将此数据平台与各类管理模型结合，对辖区内的耕地资源进行系统的动态管理，为农业决策者、农民和农业技术人员提供耕地质量动态变化、土壤适宜性、施肥咨询、作物营养诊断等多方位的信息服务。

本系统行政单元为村，农田单元为耕地地块，土壤单元为土种，系统基本管理单元为土壤、基本农田保护块、土地利用现状叠加所形成的评价单元。

1. 系统结构　耕地资源管理信息系统结构见图 2-3。

2. 县域耕地资源管理信息系统建立工作流程　见图 2-4。

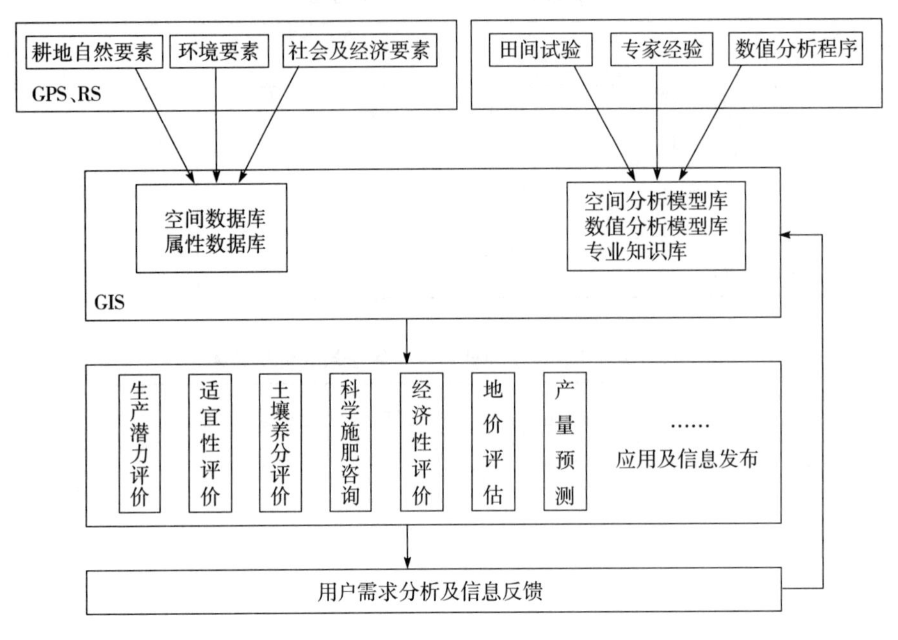

图 2-3 耕地资源管理信息系统结构

3. CLRMIS、硬件配置

（1）硬件：Intel 双核平台兼容机（内存≥2G、硬盘≥250G、显存≥512M），A4 扫描仪，彩色喷墨打印机。

（2）软件：Windows XP，Excel 2003 等。

二、资料收集与整理

（一）图件资料收集与整理

图件资料指印刷的各类地图、专题图以及商品数字化矢量和栅格图。图件比例尺为 1∶50 000 和 1∶10 000。

（1）地形图：统一采用中国人民解放军总参谋部测绘局测绘的地形图。由于近年来公路、水系、地形地貌等变化较大，因此采用水利、公路、规划、国土等部门的有关最新图件资料对地形图进行修正。

（2）行政区划图：采用国土部门土地第二次调查图。

（3）土壤图及土壤养分图：采用第二次土壤普查成果图。

（4）地貌类型分区图：根据地貌类型将辖区内农田分区，采用第二次土壤普查分类系统绘制成图。

（5）土地利用现状图：现有的土地利用现状图（第二次土地调查数据库）。

（6）主要污染源点位图：调查本地可能对水体、大气、土壤形成污染的矿区、工厂等，并确定污染类型及污染强度，在地形图上准确标明位置及编号。

（7）土壤肥力监测点点位图：在地形图上标明准确位置及编号。

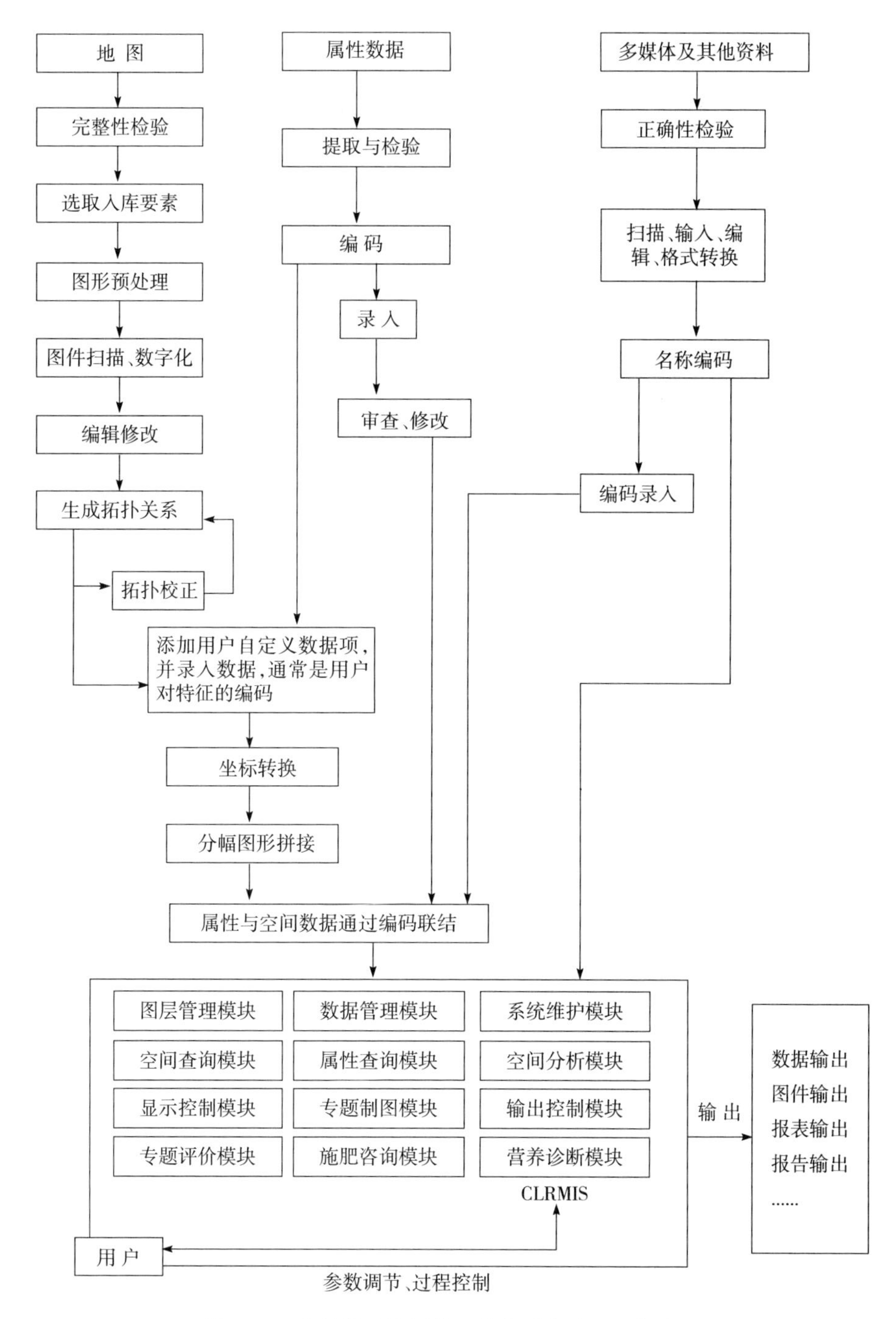

图 2-4 县域耕地资源管理信息系统建立工作流程

（8）土壤普查土壤采样点点位图：在地形图上标明准确位置及编号。

（二）数据资料收集与整理

（1）基本农田保护区一级、二级地块登记表，国土局基本农田划定资料。

（2）其他有关基本农田保护区划定统计资料，国土局基本农田划定资料。

(3) 近几年粮食单产、总产、种植面积统计资料（以村为单位）。

(4) 其他农村及农业生产基本情况资料。

(5) 历年土壤肥力监测点田间记载及化验结果资料。

(6) 历年肥情点资料。

(7) 县、乡、村名编码表。

(8) 近几年土壤、植株化验资料（土壤普查、肥力普查等）。

(9) 近几年主要粮食作物、主要品种产量构成资料。

(10) 各乡历年化肥销售、使用情况。

(11) 土壤志、土种志。

(12) 特色农产品分布、数量资料。

(13) 当地农作物品种及特性资料，包括各个品种的全生育期、大田生产潜力、最佳播期、移栽期、播种量、栽插密度、百千克籽粒需氮量、需磷量、需钾量等，及品种特性介绍。

(14) 一元、二元、三元肥料肥效试验资料，计算不同地区、不同土壤、不同作物品种的肥料效应函数。

(15) 不同土壤、不同作物基础地力产量占常规产量比例资料。

（三）文本资料收集与整理

(1) 全县及各乡（镇）基本情况描述。

(2) 各土种性状描述，包括其发生、发育、分布、生产性能、障碍因素等。

（四）多媒体资料收集与整理

(1) 土壤典型剖面照片。

(2) 土壤肥力监测点景观照片。

(3) 当地典型景观照片。

(4) 特色农产品介绍（文字、图片）。

(5) 地方介绍资料（图片、录像、文字、音乐）。

三、属性数据库建立

（一）属性数据内容

CLRMIS 主要属性资料及其来源见表 2-6。

（二）属性数据分类与编码

数据的分类编码是对数据资料进行有效管理的重要依据。编码的主要目的是节省计算机内存空间，便于用户理解使用。地理属性进入数据库之前进行编码是必要的，只有进行了正确的编码，空间数据库与属性数据库才能实现正确连接。编码格式有英文字母与数学组合。本系统主要采用数字表示的层次型分类编码体系，它能反映专题要素分类体系的基本特征。

（三）建立编码字典

数据字典是数据库应用设计的重要内容，是描述数据库中各类数据及其组合的数据集合，也称元数据。地理数据库的数据字典主要用于描述属性数据，它本身是一个特殊用途的文件，在数据库整个生命周期里都起着重要的作用。它避免重复数据项的出现，并提供了查询数据的唯一入口。

表 2-6 CLRMIS 主要属性资料及其来源

编 号	名 称	来 源
1	湖泊、面状河流属性表	水务局
2	堤坝、渠道、线状河流属性数据	水务局
3	交通道路属性数据	交通局
4	行政界线属性数据	农业委员会
5	耕地及蔬菜地灌溉水、回水分析结果数据	农业委员会
6	土地利用现状属性数据	国土资源局
7	土壤、植株样品分析化验结果数据表	本次调查资料
8	土壤名称编码表	土壤普查资料
9	土种属性数据表	土壤普查资料
10	基本农田保护块属性数据表	国土资源局
11	基本农田保护区基本情况数据表	国土资源局
12	地貌、气候属性表	土壤普查资料
13	县乡村名编码表	统计局

(四) 数据库结构设计

属性数据库的建立与录入可独立于空间数据库和 GIS 系统，可以在 Access、dBase、Foxbase 和 Foxpro 下建立，最终统一以 dBase 的 dbf 格式保存入库。下面以 dBase 的 dbf 数据库为例进行描述。

1. 湖泊、面状河流属性数据库 lake. dbf

字段名	属 性	数据类型	宽 度	小数位	量 纲
lacode	水系代码	N	4	0	代 码
laname	水系名称	C	20		
lacontent	湖泊储水量	N	8	0	万立方米
laflux	河流流量	N	6		立方米/秒

2. 堤坝、渠道、线状河流属性数据 stream. dbf

字段名	属 性	数据类型	宽 度	小数位	量 纲
ricode	水系代码	N	4	0	代 码
riname	水系名称	C	20		
riflux	河流、渠道流量	N	6		立方米/秒

3. 交通道路属性数据库 traffic. dbf

字段名	属 性	数据类型	宽 度	小数位	量 纲
rocode	道路编码	N	4	0	代 码

roname	道路名称	C	20		
rograde	道路等级	C	1		
rotype	道路类型	C	1	（黑色/水泥/石子/土地）	

4. 行政界线（省、市、县、乡、村）**属性数据库 boundary. dbf**

字段名	属　性	数据类型	宽　度	小数位	量　纲
adcode	界线编码	N	1	0	代　码
adname	界线名称	C	4		

adcode	
1	国　界
2	省　界
3	市　界
4	县　界
5	乡　界
6	村　界

5. 土地利用现状属性数据库 landuse. dbf

＊土地利用现状分类表

字段名	属　性	数据类型	宽　度	小数位	量　纲
lucode	利用方式编码	N	2	0	代　码
luname	利用方式名称	C	10		

6. 土种属性数据表 soil. dbf

＊土壤系统分类表

字段名	属　性	数据类型	宽　度	小数位	量　纲
sgcode	土种代码	N	4	0	代　码
stname	土类名称	C	10		
ssname	亚类名称	C	20		
skname	土属名称	C	20		
sgname	土种名称	C	20		
pamaterial	成土母质	C	50		
profile	剖面构型	C	50		
土种典型剖面有关属性数据：					
text	剖面照片文件名	C	40		
picture	图片文件名	C	50		
html	HTML 文件名	C	50		
video	录像文件名	C	40		

7. 土壤养分（pH、有机质、氮等）**属性数据库 nutr****. dbf**

本部分由一系列的数据库组成，视实际情况不同有所差异，如在盐碱土地区还包括盐分含量及离子组成等。

（1）pH 库 nutrpH. dbf：

字段名	属　性	数据类型	宽　度	小数位	量　纲
code	分级编码	N	4	0	代　码
number	pH	N	4	1	

（2）有机质库 nutrom. dbf：

字段名	属　性	数据类型	宽　度	小数位	量　纲
code	分级编码	N	4	0	代　码
number	有机质含量	N	5	2	百分含量

（3）全氮量库 nutrN. dbf：

字段名	属　性	数据类型	宽　度	小数位	量　纲
code	分级编码	N	4	0	代　码
number	全氮含量	N	5	3	百分含量

（4）速效养分库 nutrP. dbf：

字段名	属　性	数据类型	宽　度	小数位	量　纲
code	分级编码	N	4	0	代　码
number	速效养分含量	N	5	3	毫克/千克

8. 基本农田保护块属性数据库 farmland. dbf

字段名	属　性	数据类型	宽　度	小数位	量　纲
plcode	保护块编码	N	7	0	代　码
plarea	保护块面积	N	4	0	亩
cuarea	其中耕地面积	N	6		
eastto	东至	C	20		
westto	西至	C	20		
sorthto	南至	C	20		
northto	北至	C	20		
plperson	保护责任人	C	6		
plgrad	保护级别	N	1		

9. 地貌*、气候属性表 landform. dbf

字段名	属　性	数据类型	宽　度	小数位	量　纲
landcode	地貌类型编码	N	2	0	代　码
landname	地貌类型名称	C	10		
rain	降水量	C	6		

* 地貌类型编码表。

10. 基本农田保护区基本情况数据表（略）

11. 县、乡、村名编码表

字段名	属　性	数据类型	宽　度	小数位	量　纲
vicodec	单位编码—县内	N	5	0	代　码
vicoden	单位编码—统一	N	11		
viname	单位名称	C	20		

vinamee　　　名称拼音　　　　　C　　　30

（五）数据录入与审核

数据录入前仔细审核，数值型资料注意量纲、上下限，地名应注意汉字多音字、繁简体、简全称等问题，审核定稿后再录入。录入后仔细检查，保证数据录入无误后，将数据库转为规定的格式（dBase 的 dbf 文件格式文件），再根据数据字典中的文件名编码命名后保存在规定的子目录下。

文字资料以 TXT 格式命名保存，声音、音乐以 WAV 或 MID 文件保存，超文本以 HTML 格式保存，图片以 BMP 或 JPG 格式保存，视频以 AVI 或 MPG 格式保存，动画以 GIF 格式保存。这些文件分别保存在相应的子目录下，其相对路径和文件名录入相应的属性数据库中。

四、空间数据库建立

（一）数据采集的工艺流程

在耕地资源数据库建设中，数据采集的精度直接关系到现状数据库本身的精度和今后的应用，数据采集的工艺流程是关系到耕地资源信息管理系统数据库质量的重要基础工作。因此，对数据的采集制定了一个详尽的工艺流程。首先，对收集的资料进行分类检查、整理与预处理；其次，按照图件资料介质的类型进行扫描，并对扫描图件进行扫描校正；再次，进行数据的分层矢量化采集、矢量化数据的检查；最后，对矢量化数据进行坐标投影转换与数据拼接工作以及数据、图形的综合检查和数据的分层与格式转换。

具体数据采集的工艺流程见图 2 - 5。

（二）图件数字化

1. 图件的扫描　由于所收集的图件资料为纸介质的图件资料，所以采用灰度法进行扫描。扫描的精度为 300dpi。扫描完成后将文件保存为 *.TIF 格式。在扫描过程中，为了能够保证扫描图件的清晰度和精度，对图件先进行预扫描。在预见扫描过程中，检查扫描图件的清晰度，其清晰度必须能够区分图内的各要素，然后利用 Lontex Fss8300 扫描仪自带的 CAD image/scan 扫描软件进行角度校正，角度校正后必须保证图幅下方两个内图廓点的连线与水平线的角度误差小于 0.2°。

2. 数据采集与分层矢量化　对图形的数字化采用交互式矢量化方法，确保图形矢量化的精度。在耕地资源信息系统数据库建设中需要采集的要素有：点状要素、线状要素和面状要素。由于所采集的数据种类较多，所以必须对所采集的数据按不同类型进行分层采集。

（1）点状要素的采集：可以分为两种类型，一种是零星地类，另一种是注记点。零星地类包括一些有点位的点状零星地类和无点位的零星地类。对于有点位的零星地类，在数据的分层矢量化采集时，将点标记置于点状要素的几何中心点，对于无点位的零星地类在分层矢量化采集时，将点标记置于原始图件的定位点。农化点位、污染源点位等注记点的采集按照原始图件资料中的注记点，在矢量化过程中一一标注相应的位置。

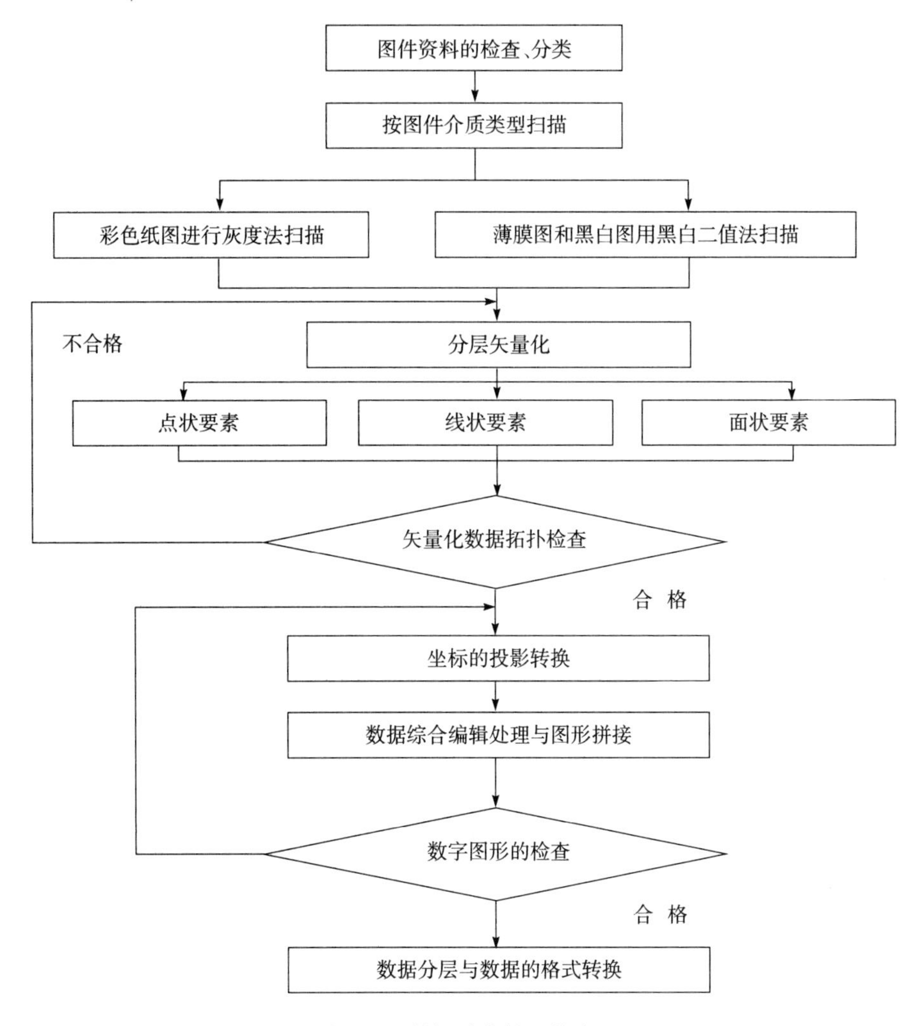

图 2-5　数据采集的工艺流程

（2）线状要素的采集：在耕地资源图件资料上的线状要素主要有水系、道路、带有宽度的线状地物界、地类界、行政界线、权属界线、土种界、等高线等，对于不同类型的线状要素，进行分层采集。线状地物主要是指道路、水系、沟渠等，线状地物数据采集时考虑到有些线状地物，由于其宽度较宽，如一些较大的河流、沟渠，它们在地图上可以按照图件资料的宽度比例表示为一定的宽度，则按其实际宽度的比例在图上表示；有些线状地物，如一些道路和水系，由于其宽度不能在图上表示，在采集其数据时，则按栅格图上的线状地物的中轴线来确定其在图上的实际位置。对地类界、行政界、土种界和等高线数据的采集，保证其封闭性和连续性。线状要素按照其种类不同分层采集、分层保存，以备数据分析时进行利用。

（3）面状要素的采集：面状要素要在线状要素采集后，通过建立拓扑关系形成区后进行，由于面状要素是由行政界线、权属界线、地类界线和一些带有宽度的线状地物界等结状要素所形成的一系列的闭合性区域，其主要包括行政区、权属区、土壤类型区等图斑。

所以，对于不同的面状要素，因采用不同的图层对其进行数据的采集。考虑到实际情况，将面状要素分为行政区层、地类层、土壤层等图斑层。将分层采集的数据分层保存。

（三）矢量化数据的拓扑检查

由于在矢量化过程中不可避免地要存在一些问题，因此，在完成图形数据的分层矢量化以后，要进行下一步工作时，必须对分层矢量化以后的数据进行矢量化数据的拓扑检查。在对矢量化数据的拓扑检查中主要是完成以下几方面的工作：

1. 消除在矢量化过程中存在的一些悬挂线段 在线状要素的采集过程中，为了保证线段完全闭合，某些线段可能出现相互交叉的情况，这些均属于悬挂线段。在进行悬挂线段的检查时，首先使用MapGIS的线文件拓扑检查功能，自动对其检查和清除，如果其不能自动清除的，则对照原始图件资料进行手工修正。对线状要素进行矢量化数据检查完成以后，随即由作图员对所矢量化的数据与原始图件资料相对比进行检查，如果在对检查过程中发现有一些通过拓扑检查所不能解决的问题，如矢量化数据的精度不符合精度要求的，或者是某些线状要素存在着一定的位移而难以校正的，则对其中的线状要素进行重新矢量化。

2. 检查图斑和行政区等面状要素的闭合性 图斑和行政区是反映一个地区耕地资源状况的重要属性，在对图件资料中的面状要素进行数据的分层矢量化采集中，由于图件资料中所涉及的图斑较多，在数据的矢量化采集过程中，有可能存在一些图斑或行政界的不闭合情况，可以利用MapGIS的区文件拓扑检查功能，对在面状要素分层矢量化采集过程中所保存的一系列区文件进行矢量化数据的拓扑检查。在拓扑检查过程中可以消除大多数区文件的不闭合情况。对于不能自动消除的，通过与原始图件资料的相互检查，消除其不闭合情况。如果通过对矢量化以后的区文件的拓扑检查，可以消除在矢量化过程中所出现的上述问题，则进行下一步工作，如果在拓扑检查以后还存在一些问题，则对其进行重新矢量化，以确保系统建设的精度。

（四）坐标的投影转换与图件拼接

1. 坐标转换 在进行图件的分层矢量化采集过程中，所建立的图面坐标系（单位为毫米），而在实际应用中，则要求建立平面直角坐标系（单位为米）。因此，必须利用MapGIS所提供的坐标转换功能，将图面坐标转换成为正投影的大地直角坐标系。在坐标转换过程中，为了能够保证数据的精度，可根据提供数据源的图件精度的不同，在坐标转换过程中，采用不同的质量控制方法进行坐标转换工作。

2. 投影转换 区级土地利用现状数据库的数据投影方式采用高斯投影，也就是将进行坐标转换以后的图形资料，按照大地坐标系的经纬度坐标进行转换，以便以后进行图件拼接。在进行投影转换时，对1∶10 000土地利用图件资料，投影的分带宽度为3°。但是根据地形的复杂程度，行政区的跨度和图幅的具体情况，对于部分图形采用非标准的3°分带高斯投影。

3. 图件拼接 南郊区提供的1∶10 000土地利用现状图是采用标准分幅图，在系统建设过程中应图幅进行拼接。在图斑拼接检查过程中，相邻图幅间的同名要素误差应小于1毫米，这时移动其任何一个要素进行拼接，同名要素间距为1～3毫米的处理方法是将两个要素各自移动一半，在中间部分结合，这样图幅拼接完全满足了精度要求。

五、空间数据库与属性数据库的连接

MapGIS 系统采用不同的数据模型分别对属性数据和空间数据进行存储管理，属性数据采用关系模型，空间数据采用网状模型。两种数据的连接非常重要。在一个图幅工作单元 Coverage 中，每个图形单元由一个标识码来唯一确定。同时一个 Coverage 中可以若干个关系数据库文件即要素属性表，用以完成对 Coverage 的地理要素的属性描述。图形单元标识码是要素属性表中的一个关键字段，空间数据与属性数据以此字段形成关联，完成对地图的模拟。这种关联是 MapGIS 的两种模型连成一体，可以方便地从空间数据检索属性数据或者从属性数据检索空间数据。

对属性与空间数据的连接采用的方法是：在图件矢量化过程中，标记多边形标识点，建立多边形编码表，并运用 MapGIS 将用 Foxpro 建立的属性数据库自动连接到图形单元中，这种方法可由多人同时进行工作，速度较快。

第三章　耕地土壤属性

第一节　耕地土壤类型

一、土壤类型及分布

由于受地形、地貌、水文、气候以及人为耕作等成土因素的影响，广灵县土壤类型种类繁多。由于地形地貌多种多样，高山、低山、丘陵、河流盆地都有分布，既有山地草甸土等山地土壤，又有栗褐土、褐土等地带性土壤，还有受地下水影响形成的隐域性土壤，如潮土、盐化潮土等。按照全国第二次土壤普查技术规程和 1991 年山西省第二次土壤普查分类系统，广灵县土壤分类采用土类、亚类、土属、土种 4 级分类制，共划分为 5 个土类，7 个亚类，17 个土属，26 个土种，具体分布见表 3-1。

表 3-1　广灵县土壤类型及分布状况

土类	亚类	面积（亩）	分　　布
山地草甸土	山地草原草甸土	34 674	分布于广灵县西部殿顶山和南部黄崖尖海拔 2 000 米左右的山顶平坦处
栗褐土	栗褐土	258 138	分布于望狐乡、梁庄乡、南村镇，海拔为 1 200～1 800 米
褐土	褐土性土	1 221 272	广泛分布于海拔 1 300～1 550 米的丘陵区
	石灰性褐土	195 515	广泛分布于壶流河两岸二级阶地及其平川区
	潮褐土	18 000	主要分布于褐土向潮土过渡地带二级阶地，作疃乡、壶泉镇、宜兴乡、加斗乡、蕉山乡的一部分
粗骨土	粗骨土	1 125	分布在广灵县北部一斗泉乡桥涧村
潮土	盐化潮土	31 837	分布于壶流河下游两岸一级阶地，作疃乡、壶泉镇、宜兴乡、加斗乡、蕉山乡的一部分

二、土壤类型特征及主要生产性能

（一）山地草甸土

山地草甸土面积 34 674 亩，约占全县总土地面积的 1.91%。其中耕地面积为 43.42 亩，分布于广灵县西部殿顶山和南部黄崖尖海拔为 2 000 米左右的山顶平坦处。该土壤海拔高，地势平缓，植被生长茂盛，覆盖度 90%以上，一般无侵蚀现象，土层较厚，有效土层厚度大于 40～50 厘米，成土过程的特点是冷、湿，年冻土期 150～200 天，年平均气温 0℃以下，相对湿度 70%～80%，植被以草灌植被为主，成土母质以黄土质为主。成土过程由于在冷、湿条件下，有机物质生长量较大，分解缓慢，十分有利于有机质的积累，有较强的腐化过程，腐殖质层厚度可达 30～40 厘米，表层为黑褐色或褐黑色的草毡层，土壤有机质含量高达 50～60 克/千克以上，C/N 较高，大部分碳酸钙被淋失，土壤呈微酸性或中性，pH 在 7.5 以下，阳离子代换量较高，一般 25～30me/百克土。该土类只有一个山地草原草甸土亚类，一个黄土质山地草原草甸土土属，一个草毡土种，均为荒地。典型剖面采自殿顶山谷生长有薹草等草原草甸植被。

0～20 厘米：淡栗色，沙壤，未分解和半分解的枯枝落叶层。

20～40 厘米：褐色，轻壤，团粒结构，多量孔隙，散实多孔，无石灰反应。

40～70 厘米：褐色，中壤，团块结构，中量孔隙，无石灰反应。

70～80 厘米：红褐，重壤，团块结构，少量孔隙。

土壤剖面化验结果（表 3-2）。

表 3-2 黄土质山地草原草甸土典型剖面理化性状表（第二次土壤普查数据）

层 次	深度（厘米）	全氮（克/千克）	全磷（克/千克）	pH	碳酸钙（克/千克）	代换量（me/百克土）
1	0～20	4.6	0.8	7.5	7.8	28.69
2	20～40	3.7	0.87	7.6	4.2	26.95

（二）褐土

广灵县处在栗钙土、栗褐土向褐土的过渡带上，据广灵县的气候、地形地貌和土壤理化性状特征，大部分地带性土壤划分为褐土，靠近浑源县的一部分划分为栗褐土。褐土广泛分布在广灵县望狐乡以东的大部分乡（镇）。面积为 1 434 787 亩，占该县总土地面积的 79.04%，其中耕地面积 43 000.94 亩。

褐土分布在山地草甸土这下，潮土之上，海拔为 900～1 800 米，属于暖温带半干旱、半湿润气候条件下的地带性土壤。年平均气温 7℃左右，降水量为 400～600 毫米。成土特点一是黏粒移动不太明显，黏化层从颜色、形态上不太明显，只是黏化层黏粒含量高于表层，表现为残积黏化；二是碳酸钙在剖面中淋溶垫积非常活跃；三是腐殖化程度较低，心土层和底土层有机质含量明显低于表层。依据褐土的成土过程发生的差异，褐土分为褐土性土、石灰性褐土和潮褐土 3 个亚类。

1. 褐土性土 褐土性土亚类分布在海拔 1 300 米以上的山地及黄土丘陵区，面积为 1 221 272亩，占该县总土地面积的 67.23%，其中耕地面积为 238 361.85 亩。土壤成土过程突出表现为表土在侵蚀作用下，黏粒和碳酸钙淋溶淀积过程和腐殖化过程的不连续性，土壤发育永远处于雏育阶段，土壤发生层次不明显，土壤呈现母质的特性较多，表层有机质含量较低，尤其发育在丘陵区黄土母质的土壤，是土壤肥力最低的土壤之一。由于自然植被覆盖率低，只生长些耐旱的蒿属青草类，故有机质积累很少。根据土壤成土母质的不同，共分为麻沙质褐土性土、沙泥质黄土性土、灰泥质褐土性土、黄土质褐土性土、沟淤褐土性土和洪积褐土性土 6 个土属。

（1）麻沙质褐土性土：主要分布在南村镇西南山地，面积为 77 107 亩，占广灵县总土地面积的 4.24%，其中耕地面积 2 091.74 亩。成土母质为花岗片麻岩风化的残坡积物，只有麻沙立黄土1个土种。耕层土壤养分见表3-3。

表3-3 麻沙质褐土性土耕地土壤养分统计表

土属		有机质（克/千克）	全 氮（克/千克）	有效磷（毫克/千克）	速效钾（毫克/千克）	缓效钾（毫克/千克）	有效硫（毫克/千克）	有效铁（毫克/千克）	有效锰（毫克/千克）	有效铜（毫克/千克）	有效锌（毫克/千克）	有效硼（毫克/千克）
麻沙质褐土性土	最大值	27.5	1.708	22.7	312	1 749	75.8	9.8	8.9	1.03	1.12	0.69
	最小值	21.2	0.783	10.9	129	1 215	47.1	8.6	7.9	1.01	1.09	0.3
	平均值	24.0	1.3	15.4	243	1 484	61.45	9.2	8.4	1.02	1.11	0.50

注：根据2009—2011年测土配方施肥项目数据统计。

（2）沙泥质褐土性土：主要分布在加斗、宜兴乡山地，面积26 825亩，占该县总土地面积的1.48%，其中耕地面积3 551.73亩。成土母质为砂页岩风化的残坡积物。目前基本退耕还林或荒地，耕种极少。只有沙泥质立黄土1个土种。

（3）灰泥质褐土性土：广灵县各山地均有分布，面积365 295亩，占该县总土地面积的20.15%，其中耕地面积12 044.72亩。成土母质为石灰岩风化的残坡积物，是广灵县山地分布较大的类型。自然植被稀疏，多生长耐旱的蒿草、酸刺等，心土层有假菌丝体，质地微黏。典型剖面采自南村镇张家洼村，灰泥质褐土性土理化性状见表3-4，养分含量见表3-5。

表3-4 灰泥褐土性土典型剖面理化性状（第二次土壤普查数据）

层次	深度（厘米）	质 地	机械组成（%）		有机质（克/千克）	全 氮（克/千克）	全 磷（克/千克）	pH	$CaCO_3$（克/千克）	代换量（me/百克土）
			粒径＜0.01毫米	粒径＜0.001毫米						
1	0～23	轻 壤	24.68	7.48	49	2	0.52	8.53	—	—
2	23～40	中 壤	39.08	19.448	36.4	1.75	0.34	8.46	—	—
3	40～70	中 壤	31.88	12.48	23.9	0.98	0.30	8.44	—	—
4	70～100	中 壤	31.88	14.48	17.9	0.7	0.45	8.38	—	—
5	100以下	重 壤	51.83	0.53	3.8	0.24	0.44	8.50	—	—

表3-5 灰泥质褐土性土土壤养分统计表

土属		有机质（克/千克）	全 氮（克/千克）	有效磷（毫克/千克）	速效钾（毫克/千克）	缓效钾（毫克/千克）	有效硫（毫克/千克）	有效铁（毫克/千克）	有效锰（毫克/千克）	有效铜（毫克/千克）	有效锌（毫克/千克）	有效硼（毫克/千克）
灰泥质褐土性土	最大值	27.96	1.4	24.06	29.12	1503.2	127.27	10.27	11.67	1.24	1.77	0.8
	最小值	9.7	0.6	3.95	50.00	566.66	22.11	4.83	5.68	0.61	0.44	0.46
	平均值	15.79	0.96	8.02	164.78	100.62	57.4	7.24	8.12	0.88	0.99	0.67

注：根据2009—2011年测土配方施肥项目数据统计。

（4）黄土质褐土性土：主要分布于广灵县黄土丘陵区，海拔为1 300～1 500米，面积660 234亩，占该县总土地面积的36.31%，其中耕地面积为179 189.67亩。成土母质为第四纪黄土母质，由于黄土母质为风成母质，加上地表起伏不平，植被覆盖率低，水蚀风蚀严重，是肥力最低的土壤之一。黄土质褐土性土是本县山地分布较大的类型，在剖面形态上没明显发育特征。黏化层、钙积层均不明显，母质特征明显，质地为轻壤，通体强石灰反应，呈微碱性反应，颜色为浅黄、灰黄色，自然植被覆盖率低，多生长耐旱的蒿属青草类，有机质积累少。有立黄土、耕立黄土、耕地黑立黄土、砾立黄土 4 个土种。典型剖面采自南村镇赵家坪村西南。黄土质褐土性土典型剖面理化性状见表 3－6、土壤养分含量见表3－7。

表 3－6　黄土质褐土性土典型剖面理化性状（第二次土壤普查数据）

层次	深度（厘米）	质地	机械组成（%）		有机质（克/千克）	全氮（克/千克）	全磷（克/千克）	pH	$CaCO_3$（克/千克）	代换量（me/百克土）
			粒径<0.01毫米	粒径<0.001毫米						
1	0～23	轻壤	24.55	12.41	0.71	0.34	0.43	8.52	92	8.85
2	23～40	中壤	26.69	14.5	0.57	0.34	0.45	8.6	94.7	9.25
3	40～70	中壤	26.27	—	0.37	0.23	0.45	8.68	102.6	8.6
4	70～100	中壤	24.61	11.42	0.52	0.17	0.43	8.60	91	8.45
5	100 以下	中壤	—	—	0.51	0.50	0.45	8.54	102.3	8.85

表 3－7　黄土质褐土性土耕地土壤养分统计表

土属		有机质（克/千克）	全氮（克/千克）	有效磷（毫克/千克）	速效钾（毫克/千克）	缓效钾（毫克/千克）	有效硫（毫克/千克）	有效铁（毫克/千克）	有效锰（毫克/千克）	有效铜（毫克/千克）	有效锌（毫克/千克）	有效硼（毫克/千克）
黄土质褐土性土	最大值	26.28	1.42	27.95	279.08	1 503.2	108.25	11.05	13	2.48	3.16	1.12
	最小值	6.72	0.52	2.49	46.08	511.08	19.21	2.08	4	0.58	0.31	0.38
	平均值	11.48	0.71	7.04	108.85	806.78	40.57	5.89	7.96	0.92	1.02	0.64

注：根据 2009—2011 年测土配方施肥项目数据统计。

（5）沟淤褐土性土：主要分布于广灵县黄土丘陵区大的冲沟下部，面积为 16 812 亩，占本县总土地面积的 0.92%，其中耕地面积为 6 621.05 亩。是由黄土类物质搬运沉积而成，土壤质地和土体构型变化明显，土层薄厚差异较大，部分地块底部含砾石，养分含量较高，土壤生产性能良好，易受洪水威胁。只有沟淤土 1 个土种。典型剖面采自南村镇上林关村南，沟淤褐土性土理化性状见表 3－8，土壤养分含量见表 3－9。

表 3－8　沟淤褐土性土典型剖面理化性状（第二次土壤普查数据）

层次	深度（厘米）	质地	机械组成（%）		有机质（克/千克）	全氮（克/千克）	全磷（克/千克）	pH	$CaCO_3$（克/千克）	代换量（me/百克土）
			粒径<0.01毫米	粒径<0.001毫米						
1	0～22	轻壤	37.35	6.35	11.3	0.61	0.50	8.39	83	14.7
2	22～60	中壤	34.85	8.85	11.1	0.66	0.50	8.3	86.1	14.55
3	60～78	中壤	37.76	4.16	11.3	0.59	0.57	8.4	89.6	15.1
4	78～130	沙壤	18.60	5.10	5.6	0.21	0.58	8.6	68	10.5
5	130～150	沙壤	18.60	6.35	6.7	0.31	0.43	8.5	76.5	10.95

表 3-9　沟淤褐土性土耕地土壤养分统计表

土属		有机质（克/千克）	全氮（克/千克）	有效磷（毫克/千克）	速效钾（毫克/千克）	缓效钾（毫克/千克）	有效硫（毫克/千克）	有效铁（毫克/千克）	有效锰（毫克/千克）	有效铜（毫克/千克）	有效锌（毫克/千克）	有效硼（毫克/千克）
沟淤褐土性土	最大值	16.99	0.98	13.4	246.74	1 120.23	76.71	7.67	11.0	1.00	1.34	0.77
	最小值	7.91	0.58	2.91	80.4	62.09	20.59	4.83	6.34	0.61	0.54	0.46
	平均值	10.48	0.74	6.67	123.55	824.97	51.65	6.08	8.34	0.81	0.84	0.59

注：根据 2009—2011 年测土配方施肥项目数据统计。

（6）洪积褐土性土：主要分布在广灵县各大峪口洪积扇和山前倾斜平原的中上部，面积为 74 999 亩，占全县总土地面积的 4.13%，其中耕地面积为 28 662.15 亩。土层厚薄、土体构型、各层质地，砾石大小和多少变化较大，各层养分含量相差较多，土壤肥力决定于土层薄厚和砾石多少及砾石层的深度。有底砾洪立黄土、洪立黄土、多砾洪砾黄土、二合夹砾立黄土 4 个土种。典型剖面采自宜兴乡西宜兴村东南，洪积褐土性土理化性状见表 3-10，土壤养分含量见表 3-11。

表 3-10　洪积褐土性土典型剖面理化性状（第二次土壤普查数据）

层次	深度（厘米）	质地	机械组成（%）		有机质（克/千克）	全氮（克/千克）	全磷（克/千克）	pH	$CaCO_3$（克/千克）	代换量（me/百克土）
			粒径<0.01毫米	粒径<0.001毫米						
1	0～19	沙壤	21.68	6.48	9.8	0.81	0.51	8.4	—	—
2	19～29	轻壤	23.68	8.48	10.8	0.62	0.52	8.3	—	—
3	29～90	轻壤	22.68	10.28	0.84	0.52	0.48	8.4	—	—
4	90～100	轻壤	26.68	13.28	10.2	0.59	0.43	8.5	—	—
5	100 以下	砾石	—	—	12.8	0.45	0.81	8.6	—	—

表 3-11　洪积褐土性土耕地土壤养分统计表

土属		有机质（克/千克）	全氮（克/千克）	有效磷（毫克/千克）	速效钾（毫克/千克）	缓效钾（毫克/千克）	有效硫（毫克/千克）	有效铁（毫克/千克）	有效锰（毫克/千克）	有效铜（毫克/千克）	有效锌（毫克/千克）	有效硼（毫克/千克）
洪积褐土性土	最大值	26.28	1.46	27.95	279.08	1 503.2	76.71	11.05	13.0	1.47	2.60	1.12
	最小值	6.72	0.53	2.49	44.40	522.2	20.59	2.08	4.00	0.58	0.31	0.38
	平均值	11.61	0.71	8.89	117.63	704.91	51.65	7.43	9.43	0.97	1.04	0.71

注：根据 2009—2011 年测土配方施肥项目数据统计。

2. 石灰性褐土　面积为 195 515 亩，占土地面积的 10.76%，其中耕地面积 182 132.68亩。广泛分布在广灵县壶流河两岸二级阶地及其平川区及缓坡上，海拔 1 000～1 200 米。分布面积广，是主要产粮区，耕作历史悠久。石灰性褐土淋溶作用较弱，黏粒、碳酸钙移动，腐质化过程弱于淋溶褐土，但是强于褐土性土，温度高于淋溶褐土、石灰性褐土，土壤侵蚀较弱，成土过程较为稳定。发生层次明显，碳酸钙集聚明显，可高于表层 14%～35%，以假菌丝状出现于心土层。由于碳酸钙的染色作用，碳酸钙积聚层颜色表现为浅淡灰暗色，黏化层主要表现在黏粒测定数据上，无明显的胶膜存在。依据土壤母质差异，划分为黄土状石灰性褐土 1 个土属，二合黄垆土、深黏黄垆土 2 个土种。典型剖面采自加斗乡西加斗村东北，黄土状石灰性褐土理化性状见表 3－12，土壤养分含量见表 3－13。

表 3－12　黄土状石灰性褐土典型剖面理化性状（第二次土壤普查数据）

层次	深度（厘米）	质　地	机械组成（%）		有机质（克/千克）	全　氮（克/千克）	全　磷（克/千克）	pH	$CaCO_3$（克/千克）	代换量（me/百克土）
			粒径<0.01毫米	粒径<0.001毫米						
1	0～20	中　壤	28.74	9.24	8.0	0.51	0.47	8.7	104.9	8.2
2	20～44	轻　壤	27.54	7.54	9.0	0.53	0.49	8.5	100.5	8.85
3	44～75	轻　壤	20.3	6.54	9.1	0.58	0.46	8.7	170.2	9.55
4	75～90	轻　壤	14.40	6.24	9.0	0.37	0.43	8.8	182.1	7.95
5	90～150	轻　壤	19.72	7.54	4.9	0.27	0.45	8.8	168.4	7.40

表 3－13　黄土状石灰性褐土耕地土壤养分统计表

土　属		有机质（克/千克）	全　氮（克/千克）	有效磷（毫克/千克）	速效钾（毫克/千克）	缓效钾（毫克/千克）	有效硫（毫克/千克）	有效铁（毫克/千克）	有效锰（毫克/千克）	有效铜（毫克/千克）	有效锌（毫克/千克）	有效硼（毫克/千克）
黄土状石灰性褐土	最大值	13.31	0.99	27.95	321.21	1 293.99	76.71	11.05	14.33	3.04	3.46	1.19
	最小值	9.16	0.50	2.28	46.64	488.85	18.63	3.34	5.6	0.54	0.60	0.38
	平均值	11.74	0.71	9.19	118.20	727.01	31.59	7.58	10.03	1.02	1.10	0.65

注：根据 2009—2011 年测土配方施肥项目数据统计。

3. 潮褐土　面积较小只有 18 000 亩，其中耕地面积 9 606.41 亩。主要分布在褐土区向潮土区过渡地带，地形部位一般在平川区河流两岸的一级阶地，与潮土和石灰性褐土交错分布。过去受地下水的影响，发生了草甸化过程，地下水下降后，发生了黏粒移动和碳酸钙积聚过程（褐土化过程），既有黏化层和碳酸钙聚集层，又有锈纹锈斑出现。该土壤相对地下水埋深不深，地下水资源丰富，实施井灌有先天的条件。该亚类只有冲积潮褐土 1 个土属，深黏潮黄土 1 个土种。典型剖面采自作疃乡作疃东堡村东北，冲积潮褐土理化性状见表 3－14，土壤养分含量见表 3－15。

表 3－14　冲积潮褐土典型剖面理化性状（第二次土壤普查数据）

层次	深度（厘米）	质　地	机械组成（%）		有机质（克/千克）	全　氮（克/千克）	全　磷（克/千克）	pH	$CaCO_3$（克/千克）	代换量（me/百克土）
			粒径<0.01毫米	粒径<0.001毫米						
1	0～20	轻　壤	19.88	2.08	16.4	1.00	0.63	8.1	85.8	12.65
2	20～60	沙　壤	16.88	5.08	6.1	0.44	0.51	8.7	78.4	8.9
3	60～90	中　壤	39.88	11.08	12.1	0.65	0.50	8.6	129.4	10.88
4	90～150	—	—	—	17.7	0.54	0.54	8.4	126.6	9.95

表 3-15 冲积潮褐土耕地土壤养分统计表

土属		有机质（克/千克）	全氮（克/千克）	有效磷（毫克/千克）	速效钾（毫克/千克）	缓效钾（毫克/千克）	有效硫（毫克/千克）	有效铁（毫克/千克）	有效锰（毫克/千克）	有效铜（毫克/千克）	有效锌（毫克/千克）	有效硼（毫克/千克）
冲积潮褐土	最大值	16.00	0.93	29.85	173.87	740.51	50.00	10.27	11.00	1.04	1.01	0.93
	最小值	10.00	0.63	6.09	90.20	620.93	23.07	7.01	7.67	0.80	0.74	0.58
	平均值	12.91	0.79	14.27	134.08	678.19	28.97	8.47	9.38	0.91	0.9	0.76

注：根据 2009—2011 年测土配方施肥项目数据统计。

（三）栗褐土

栗褐土是褐土向栗钙土过渡的一个土壤类型，栗褐土的气候特征是处在暖温带半干旱灌丛草原气候向温带干旱草原气候的过渡带上，是广灵县的地带性土壤之一，自然植被为深林灌木草原植被，丘陵和倾斜平原为草灌和草原植被。主要成土过程：一是在侵蚀条件下的微弱腐殖化过程，由于气候干旱，降水少于褐土，蒸发量是降水量的 4～5 倍，植被覆盖度低，有机质的合成速度和合成量少，而矿化分解的速度很快，有机质积累较少，有机质含量只有 10 克/千克左右，腐殖质层的厚度只有20～40 厘米，颜色呈栗褐色或褐色；二是微弱黏化过程，温度低，降水少，土壤化学风化微弱，物理风化较强，降水量少，土壤中水分向下移动量少，残积风化与淋溶作用较弱，一般 30～60 厘米出现黏化层，厚度 20～40 厘米，黏化率 10%～30%，为弱黏化过程；三是弱钙积过程，本区降水量高于栗钙土。在半干旱大陆气候条件下，雨、热同季，夏季多雨季节，水分向下移动，土壤胶体上的钙离子随水下移，秋季降水减少，碳酸钙淀积于土体中，形成钙积层，但由于栗褐土降水量稍高于栗钙土。所以，部分钙离子被水淋失，发生弱钙积现象。据土壤普查化验资料统计，表层碳酸钙含量平均为 8.95%，心土层平均为 11.43%，底土层平均为 12.46%，土壤盐基饱和度高，钙、镁等基性矿物含量多，表层酸碱度平均为 8.3，栗褐土发育明显，层次分明，表层栗褐色或栗色，成土母质以岩石风化残积物、坡积物及黄土质、黄土状母质居多。

栗褐土广泛分布在山地、丘陵、倾斜平原、洪积扇和二级阶地上，面积 258 138 亩，约占全县总土地面积的 14.23%其中耕地面积为 44 156.12 亩。依据成土过程和成土母质不同，该土类划分为栗褐土 1 个亚类，麻沙质栗褐土、灰泥质栗褐土、黄土质栗褐土和灌淤栗褐土 4 个土属。现分述如下。

1. 麻沙质栗褐土 分布于北部山区海拔为 1 800～1 900 米，面积为 5 937 亩，耕地面积为 80.45 亩。成土母质为花岗岩、片麻岩坡积物和砂页岩风积物，植被覆盖率较高，土壤颜色较深，可作为发展牧坡、林地的土壤资源。本土属划分为 3 个土种，即麻沙质栗黄土、耕麻沙质栗黄土。典型剖面采自望狐乡老茬村，海拔为 1 900 米的山坡上，麻沙质栗褐土理化性状见表 3-16。

2. 灰泥质栗褐土 分布在东南部大尖山一带，面积 90 250 亩，占广灵县国土面积 4.98%，其中耕地面积 2 617.8 亩。成土母质为石灰岩风化残积物和坡积物。

表 3-16　麻沙质栗褐土典型剖面理化性状表（第二次土壤普查数据）

层次	深度（厘米）	质　地	机械组成（%）		有机质（克/千克）	全　氮（克/千克）	全　磷（克/千克）	pH	$CaCO_3$（克/千克）	代换量（me/百克土）
			粒径<0.01毫米	粒径<0.001毫米						
1	0～16	轻　壤	9.48	28.08	15.5	0.74	0.54	8.39	12.14	14.45
2	16～26	轻　壤	2.96	24.16	7.1	0.41	0.44	8.86	13.41	18.8
3	26～46	沙　壤	2.00	10.40	4.6	0.56	0.44	8.94	15.41	16.9
4	46 以下	砾　石	—	—	—	—	—	—	—	—

灰泥所处地势相对较高，海拔为 1 300～1 700 米，地形起伏大，沟壑较多，土体干旱、植物稀少，土壤侵蚀严重，土体发育微弱，层次过渡不明显，母质特征十分显著。植被为草灌及少部分阔叶复合群落，只有灰泥质栗黄土 1 个土种。典型剖面采自望狐乡闯到坡海拔为 1 750 米的山上。灰泥质栗褐土理化性状见表 3-17，耕地养分状况见表 3-18。

表 3-17　灰泥质栗褐土典型剖面理化性状表（第二次土壤普查数据）

层　次	深　度（厘米）	质　地	有机质（克/千克）	全　氮（克/千克）	全　磷（克/千克）	pH
1	0～20	中　壤	24.2	1.3	0.54	8.23
2	20～40	沙　壤	20.2	1.0	0.52	8.23
3	40～70	沙　壤	17.9	0.92	0.55	8.3

表 3-18　灰泥质栗褐土耕地土壤养分统计表

土　属		有机质（克/千克）	全氮（克/千克）	有效磷（毫克/千克）	速效钾（毫克/千克）	缓效钾（毫克/千克）	碱解氮（毫克/千克）	pH	全盐量（毫克/千克）
灰泥质栗褐土	最大值	17.51	0.93	27.17	27.17	1 373.83	63.14	8.42	2.21
	最小值	5.39	0.58	4.14	4.14	404.00	34.14	8.12	0.62
	平均值	11.57	0.69	9.51	9.51	825.32	46.10	8.27	1.29

注：根据 2009—2011 年测土配方施肥项目数据统计。

3. 黄土质栗褐土　分布于广灵县西部丘陵区的多个乡（镇），面积为 154 826 亩，约占全县总土地面积的 8.53%，其中耕地面积为 36 851.04 亩。成土母质为第四纪黄土，土壤固结行差，水土流失严重，碳酸钙含量高，土壤呈碱性。磷肥在土壤中容易形成磷酸三钙，对磷形成固定，成为无效性磷。有效磷含量低，土壤侵蚀严重，土壤养分贫乏。根据耕种与否划分为 2 个土种：栗黄土和耕栗黄土。典型剖面采自望狐乡刘庄村，海拔为 1 540米的黄土丘陵区，黄土质栗褐土理化性状见表 3-19，耕地土壤养分含量统计见表3-20。

表 3-19 黄土质栗褐土典型剖面理化性状表（第二次土壤普查数据）

层 次	深 度（厘米）	质 地	机械组成（%）		有机质（克/千克）	全 氮（克/千克）	全 磷（克/千克）	pH
			粒径<0.01毫米	粒径<0.001毫米				
1	0～20	沙 壤	12.88	3.48	5.9	0.91	0.49	8.39
2	20～30	沙 壤	15.88	3.48	3.4	0.16	0.48	8.49
3	30～60	沙 壤	12.88	4.48	2.7	0.24	0.48	8.60
4	60～100	沙 壤	12.88	4.48	2.5	0.16	0.47	8.55
5	100 以下	沙 壤	12.88	2.28	2.9	0.16	0.50	8.59

表 3-20 黄土质栗褐土土属耕地土壤养分统计表

土 属		有机质（克/千克）	全 氮（克/千克）	有效磷（毫克/千克）	速效钾（毫克/千克）	缓效钾（毫克/千克）	pH	全 盐（毫克/千克）
黄土质栗褐土	最大值	22.47	1.25	20.81	154	1 222	8.36	1.72
	最小值	5.40	0.58	3.05	43	370	8.16	0.44
	平均值	10.77	0.79	8.95	79	841	8.28	1.16

注：根据 2009—2011 年测土配方施肥项目数据统计。

4. 灌淤栗褐土 分布于广灵县望狐乡的河流两岸一级、二级阶地及洪积扇底部，地形为平川或沟平地，灌溉条件好。面积为 7 125 亩，约占全县总土地面积的 0.39%，其中耕地面积 4 606.83 亩。灌淤栗褐土为多年洪水灌溉形成的土壤，与黄土状栗褐土、潮土呈交错分布，主要特征：一是土地平整，灌溉条件良好；二是土层深厚，土壤养分丰富，理化性状良好，作物产量大部分在 500 千克/亩以上；三是土体构型良好，一般为通体壤质，团块状结构居多，部分高产土壤为团粒状结构。依据土体构型不同，划分为淤栗黄土 1 个土种。典型剖面采自望狐乡望狐村海拔为 1 425 米的倾斜平原中下部，灌淤栗褐土理化性状见表 3-21。土壤养分见表 3-22。

表 3-21 灌淤栗褐土典型剖面理化性状（第二次土壤普查数据）

层次	深度（厘米）	质 地	机械组成（%）		有机质（克/千克）	全 氮（克/千克）	全 磷（克/千克）	pH	$CaCO_3$（克/千克）	代换量（me/百克土）
			粒径<0.01毫米	粒径<0.001毫米						
1	0～20	沙 壤	14.88	1.48	11.5	0.54	0.62	8.59	68.2	6.25
2	20～30	沙 壤	19.88	2.48	9.2	0.62	0.55	8.6	88.7	9.45
3	30～50	轻 壤	21.88	3.48	11.7	0.54	0.55	8.47	73.6	11.35
4	50～100	轻 壤	25.88	348	12.9	0.66	0.61	8.50	67.5	13.9

表 3-22　灌淤栗褐土耕地土壤养分统计表

土　属		有机质（克/千克）	全　氮（克/千克）	有效磷（毫克/千克）	速效钾（毫克/千克）	缓效钾（毫克/千克）	有效硫（毫克/千克）	有效铁（毫克/千克）	有效锰（毫克/千克）	有效铜（毫克/千克）	有效锌（毫克/千克）	有效硼（毫克/千克）
灌淤栗褐土	最大值	23.64	1.35	16.4	220.6	1 270.0	83.3	13.3	14.3	2.2	1.81	1.43
	最小值	7.32	0.53	3.7	53.53	430.0	10.5	3.5	5.6	0.6	0.32	0.57
	平均值	12.00	0.73	7.7	109.3	814.8	41.2	5.4	8.6	1.0	0.69	0.86

注：根据 2009—2011 年测土配方施肥项目数据统计。

(四) 潮土

潮土是广灵县较大的隐域性土壤，受生物地下水影响较大，受生物气候影响较小。面积为 31 837 亩，占全县总土地面积的 1.74%，其中耕地面积为 19 273.62 亩。主要分布在壶流河两岸的一级阶地上，以及老河漫滩上。成土条件主要是地下水埋藏浅，受年间降水不均的影响。夏季多雨季节，河流两岸地下水位升高，土壤底土层或心土层处于水分饱和之中，由于土壤毛灌水上渗，土体多种通气孔被水占据，通气状况不良，土壤处于嫌气状态之下，氧化还原点位降低，土壤中 Fe、Mn 等离子还原成低价 Fe、Mn 离子，溶于水中发生移动；秋冬季节地下水位降低，土壤通气状况改善，Fe、Mn 离子氧化成高价离子而淀积，地下水频繁升降，氧化还原交替进行，土体 Fe、Mn 离子附着在土壤胶体表面，形成锈纹锈斑，发生草甸化过程；春秋季节，蒸发远远大于降水，地下水中盐分随地下水蒸发留在地表，形成盐化潮土；潮土一般生长喜湿的草甸植被，根系发达，生长量大，根深叶茂，在土体嫌气状态下，有利于有机质的积累。所以，土壤的腐殖化过程相对较强，加上施肥较多，有机质一般含量较高。但是，盐碱危害严重的地块，植物难以很好的生长，有机质的含量较低。广灵县有盐化潮土 1 个亚类，冲积潮土、硫酸盐盐化潮土、苏打盐化潮土 3 个土属。

成土母质均为近代河流中的冲积物，质地差异较大，沉积物质错综复杂，土体构型种类繁多，沉积层理明显，土壤发生层次不太明显。根据潮土草甸化过程进行阶段的不同和附加盐渍化过程划分为 1 个亚类，草甸化过程正在进行，划分为潮土，进行草甸化过程的同时，附加了盐渍化过程，划分为盐化潮土。

盐化潮土分布在作疃乡、宜兴乡、加斗乡、蕉山乡、壶泉镇壶流河下游两岸一级阶地上。特点是地下水位较高，水流不畅，且地下水矿化度较高，草甸化过程中附加了盐渍化过程，当潮土耕层含盐量超过 2 克/千克以上，地表出现数量不等的盐斑，影响到作物的正常生长，就划分为盐化潮土，表层含盐量≥2 克/千克，作物缺苗率≥10%，主要改造方法：一是工程措施降低地下水位，如打井灌溉、挖排水渠等；二是农艺措施增施有机肥和酸性肥料，提高土壤肥力，增加作物和土壤的抗盐性；三是使用化学改良剂，代换土壤胶体上的钠离子，减少钠离子的危害。根据土壤母质及盐分组成不同，划分为 3 个土属，分述如下。

(1) 硫酸盐盐化潮土：分布于壶泉、加斗、蕉山等乡（镇）的一级阶地上，面积 17 493亩，占全县总土地面积的 0.95%，其中耕地面积 12 360.11 亩。盐分组成以硫酸盐为主，硫酸根离子占到 50%以上。春季地表硫酸盐积聚，白茫茫一片，农民称这种土壤是"白毛盐土"。根据耕层含盐量的数量和人为活动，划分为耕轻白盐潮土 1 个土种。典型剖面采自加斗乡东河乡村西北的一级阶地上，海拔 1 000 米，硫酸盐盐化潮土耕层土壤理化性状见表 3－23。

（2）苏打盐化潮土：苏打盐化潮土是分布广、面积较小、危害比较严重的一种盐渍土类型，面积为 2 220 亩，占全县总土地面积的 0.12%，其中耕地面积 1 701.28 亩。广泛分布于加斗乡西姚疃村与西加斗村之间，地形部位为一级、二级阶地和河漫滩。盐分组成以苏打和小苏打为主（Na_2CO_3 和 $NaHCO_3$），地表有 1～2 厘米灰白色或发黄的坚薄层结壳，像瓦片一样，俗称为"马尿碱土"或"瓦碱土"。由于土壤中含有较多的苏打和代换性纳，土壤胶体被分散，湿时泥泞，干时坚硬，严重板结。不良的物理性状对作物危害很大，土壤通气性不良，影响作物根系的发育，引起根系"窒息"，不能进行营养供应而干枯。该土壤的改良在降低地下水位的同时，必须有化学改良剂和大量有机肥的投入，用大量的钙镁离子代换钠离子，才能取得好的效果。苏打盐化潮土耕层土壤理化性状见表 3－24，根据演化程度和耕种与否划分为轻苏打盐潮土 1 个土种。

表 3－23　硫酸盐盐化潮土耕层土壤理化性状

土属		有机质（克/千克）	全氮（克/千克）	有效磷（毫克/千克）	速效钾（毫克/千克）	缓效钾（毫克/千克）	pH	有效硫（毫克/千克）	有效铁（毫克/千克）	有效锰（毫克/千克）	有效铜（毫克/千克）	有效锌（毫克/千克）	有效硼（毫克/千克）
硫酸盐盐化潮土	最大值	25	1.108	4.4	273	942	8.5	97.5	25.2	15	3.38	2.65	1.33
	最小值	5	0.3	56.9	35	401	7.8	16.6	4.4	5.7	0.45	0.1	0.34
	平均值	11.58	0.70	2	121.7	644.2	8.28	31.49	7.89	8.99	1.14	1.08	0.75

注：根据 2009—2011 年测土配方施肥项目数据统计。

表 3－24　苏打盐化潮土耕层土壤理化性状

土属		有机质（克/千克）	全氮（克/千克）	有效磷（毫克/千克）	速效钾（毫克/千克）	缓效钾（毫克/千克）	pH	有效硫（毫克/千克）	有效铁（毫克/千克）	有效锰（毫克/千克）	有效铜（毫克/千克）	有效锌（毫克/千克）	有效硼（毫克/千克）
苏打盐化潮土	最大值	19.1	0.982	27.7	174	861	8.4	91	10.2	14.6	1.86	1.97	1.14
	最小值	9	0.607	3.1	69	392	7.9	20.1	5.3	6	0.66	0.65	0.61
	平均值	12.6	0.75	11.3	121	689	8.2	49.8	7.5	10.2	1.16	1.19	0.84

注：根据 2009—2011 年测土配方施肥项目数据统计。

（3）冲积潮土：分布在作疃乡、宜兴乡、加斗乡、蕉山乡、壶泉镇等乡（镇）的一级阶地上和一级、二级阶地及洪积扇下缘，面积为 12 124 亩，占总土地面积的 0.67%，其中耕地面积 5 212.23 亩。地下水为 2～3.0 米，土壤内外排水良好，土层深厚，层次明显，理化性状良好，心土层、底土层均有锈纹锈斑。只有冲积潮土 1 个土属。典型剖面采自作疃乡平城南堡村滩地，海拔 1 100 米，冲积潮土典型剖面理化性状见表 3－25。耕层土壤养分统计见表3－26。

表 3-25 冲积潮土典型剖面理化性状（第二次土壤普查数据）

层次	深度（厘米）	质 地	机械组成（%）		有机质（克/千克）	全 氮（克/千克）	全 磷（克/千克）	pH	$CaCO_3$（克/千克）	代换量（me/百克土）
			粒径<0.01毫米	粒径<0.001毫米						
1	0～25	轻壤	31.48	9.68	6.9	0.34	0.52	8.6	126	10.25
2	25～60	轻壤	28.48	4.68	5.3	0.3	0.45	8.6	122.3	11.7
3	60～70	轻壤	27.48	4.68	12.8	0.68	0.52	8.35	133.5	18.5
4	70～105	轻壤	20.48	4.688	12.7	0.57	0.49	8.41	100.5	11.75
5	105～135	轻壤	23.48	2.68	9.9	0.41	0.45	8.40	105.0	10.5
6	135 以下	砂壤	11.48	0.68	4.1	0.19	0.51	8.58	83	7.3

表 3-26 冲积潮土耕地土壤养分统计表

土 属		有机质（克/千克）	全 氮（克/千克）	有效磷（毫克/千克）	速效钾（毫克/千克）	缓效钾（毫克/千克）	pH	有效硫（毫克/千克）	有效铁（毫克/千克）	有效锰（毫克/千克）	有效铜（毫克/千克）	有效锌（毫克/千克）	有效硼（毫克/千克）
灌淤栗褐土	最大值	16.4	0.896	87.2	350	872	8.5	41.7	11.2	13.4	1.82	1.82	1.10
	最小值	7.1	0.48	2.4	59	472	8	18.4	5.3	6.3	0.73	0.36	0.63
	平均值	11.7	0.7	13.9	125.8	652.5	8.3	24.3	7.8	9.5	1.1	0.9	0.89

注：根据 2009—2011 年测土配方施肥项目数据统计。

（五）粗骨土

与褐土性土、栗褐土呈交错分布，土体内尤其土壤表层，砾石含量较多，一般占50%～60%，所以命名为粗骨土。该类土壤以荒草地为主，耕地面积较少，利用上应该走林牧业的道路，实施退耕还林、退耕还牧，农业利用上，只能采取每年人工挑出砾石块，堆于地埂，逐渐减少砾石的数量。粗骨土分布广，面积为 1 125 亩，占全县总土地面积的0.06%，其中耕地面积 44.88 亩。主要分布在斗泉乡桥涧村一代带，土层薄、不足 30 厘米，含砾石多，保水肥能力低。分为粗骨土 1 个亚类，麻沙质中型粗骨土 1 个土属，薄麻渣土 1 个土种。薄麻渣土耕层土壤养分见表 3-27。

表 3-27 薄麻渣土耕层土壤养分统计表

土 属		有机质（克/千克）	全氮（克/千克）	有效磷（毫克/千克）	速效钾（毫克/千克）	缓效钾（毫克/千克）	pH	有效硫（毫克/千克）	有效铁（毫克/千克）	有效锰（毫克/千克）	有效铜（毫克/千克）	有效锌（毫克/千克）	有效硼（毫克/千克）
薄麻渣土	最大值	8.3	0.9	21	324	1 710	8.4	91	12.4	9.9	1.7	2.09	1.14
	最小值	7.5	0.4	2.3	12	818	7.9	20.1	6.3	5.5	0.69	0.52	0.61
	平均值	8.0	0.6	10.3	197.5	1 181.2	8.2	49.8	9.69	7.4	1.03	1.14	0.84

注：根据 2009—2011 年测土配方施肥项目数据统计。

广灵县耕地土壤分类系统见表 3-28。

表 3-28 广灵县耕地土壤分类系统表

单位：亩

土类	面积	亚类	面积	土属	面积	土种	面积
山地草甸土	34 674	山地草原草甸土	34 674	黄土质山地草原草甸土	34 674	草毡土	34 674
栗褐土	258 138	栗褐土	258 138	麻沙质栗褐土	5 937	麻沙质栗黄土	1 875
						耕麻沙质栗黄土	4 062
				灰泥质栗褐土	90 250	灰泥质栗黄土	90 250
				黄土质栗褐土	154 826	耕栗黄土	58 075
						栗黄土	96 751
				灌淤栗褐土	7 125	淤栗黄土	7 125
褐土	1 434 787	褐土性土	1 221 272	麻沙质褐土性土	77 107	麻沙质立黄土	77 107
				沙泥质褐土性土	26 825	沙泥质立黄土	26 825
				灰泥质褐土性土	365 295	薄灰泥质立黄土	108 125
						灰泥质立黄土	257 170
				黄土质褐土性土	660 234	立黄土	434 746
						耕立黄土	211 019
	258 138	栗褐土	258 138			耕底黑立黄土	11 375
						砾立黄土	3 094
				沟淤褐土性土	16 812	沟淤土	16 812
				洪积褐土性土	74 999	底砾洪立黄土	61 749
						洪立黄土	4 875
						多砾洪立黄土	3 875
						二合夹砾洪立黄土	4 500

（续）

土类	面积	亚类	面积	土属	面积	土种	面积
褐土	258 138	石灰性褐土	195 515	黄土状石灰性褐土	195 515	二合黄垆土	185 390
						深黏黄垆土	10 125
		潮褐土	18 000	冲积潮褐土	18 000	深黏潮黄土	18 000
潮土	31 827	潮土	12 124	冲积潮土	12 124	沙潮土	4 250
						绵潮土	7 874
		盐化潮土	19 713	硫酸盐盐化潮土	17 493	轻白盐潮土	17 493
				苏打盐化潮土	2 220	轻苏打盐潮土	2 220
粗骨土	1 125	粗骨土	1 125	麻沙质中型粗骨土	1 125	薄麻渣土	1 125

第二节　有机质及大量元素

土壤大量元素背景值的表达方式以各统计单元养分汇总结果的算术平均值和标准差来表示，分别以单体 N、P_2O_5、K_2O 表示。表示单位：有机质、全氮用克/千克表示，有效磷、速效钾、缓效钾用毫克/千克表示。

土壤有机质、全氮、有效磷、速效钾等以《山西省耕地土壤养分含量分级参数表》为标准各分 6 个级别，见表 3-29。

表 3-29　山西省耕地地力土壤养分耕地标准

级　别	一级	二级	三级	四级	五级	六级
有机质（克/千克）	>25.00	20.01～25.00	15.01～20.00	10.01～15.00	5.01～10.00	≤5.00
全氮（克/千克）	>1.50	1.201～1.50	1.001～1.200	0.701～1.000	0.501～0.700	≤0.50
有效磷（毫克/千克）	>25.00	20.01～25.00	15.1～20.0	10.1～15.0	5.1～10.0	≤5.0
速效钾（毫克/千克）	>250	201～250	151～200	101～150	51～100	≤50
缓效钾（毫克/千克）	>1 200	901～1 200	601～900	351～600	151～350	≤150
阳离子代换量（厘摩尔/千克）	>20.00	15.01～20.00	12.01～15.00	10.01～12.00	8.01～10.00	≤8.00
有效铜（毫克/千克）	>2.00	1.51～2.00	1.01～1.51	0.51～1.00	0.21～0.50	≤0.20
有效锰（毫克/千克）	>30.00	20.01～30.00	15.01～20.00	5.01～15.00	1.01～5.00	≤1.00
有效锌（毫克/千克）	>3.00	1.51～3.00	1.01～1.50	0.51～1.00	0.31～0.50	≤0.30
有效铁（毫克/千克）	>20.00	15.01～20.00	10.01～15.00	5.01～10.00	2.51～5.00	≤2.50
有效硼（毫克/千克）	>2.00	1.51～2.00	1.01～1.50	0.51～1.00	0.21～0.50	≤0.20
有效钼（毫克/千克）	>0.30	0.26～0.30	0.21～0.25	0.16～0.20	0.11～0.15	≤0.10
有效硫（毫克/千克）	>200.00	100.1～200	50.1～100.0	25.1～50.0	12.1～25.0	≤12.0
有效硅（毫克/千克）	>250.0	200.1～250.0	150.1～200.0	100.1～150.0	50.1～100.0	≤50.0
交换性钙（克/千克）	>15.00	10.01～15.00	5.01～10.0	1.01～5.00	0.51～1.00	≤0.50
交换性镁（克/千克）	>1.00	0.76～1.00	0.51～0.75	0.31～0.50	0.06～0.30	≤0.05

一、含量与分布

（一）有机质

广灵县耕地土壤有机质含量变化为 6.72～27.96 克/千克，平均值为 11.62 克/千克，属四级水平。见表 3-30。

（1）不同行政区域：南村镇平均值最高，为 12.82 克/千克；其次是壶泉镇，平均值为 12.21 克/千克；最低是梁庄乡，平均值为 9.52 克/千克。

（2）不同地形部位：山前冲积平原平均值最高，为 12.60 克/千克；其次河流一级、二级阶段平均值为 12.00 克/千克；最低是坡腰，平均值为 9.76 克/千克。

（3）不同母质：坡积物平均值最高，为14.63克/千克；其次是黄土母质，平均值为12.85克/千；最低是风沙沉积物，平均值为10.11克/千克。

（4）不同土壤类型：粗骨土最高，平均值为14.71克/千克；其次是山地草甸土，平均值为13.15毫克/千克；栗褐土最低，平均值为10.34克/千克。

表3-30　广灵县大田土壤养分有机质统计表

单位：克/千克

项　目		最大值	最小值	平均值	标准差	变异系数
乡（镇）	壶泉镇	16.99	8.81	12.21	1.23	10.07
	南村镇	27.96	7.31	12.82	3.44	26.83
	斗泉乡	22.65	6.72	10.46	2.53	24.19
	蕉山乡	16.00	8.51	11.45	1.28	11.18
	加斗乡	14.96	9.10	11.80	0.99	8.39
	宜兴乡	15.34	8.21	11.96	1.31	10.95
	作疃乡	15.67	8.81	11.40	1.26	11.05
	梁庄乡	12.32	7.31	9.52	0.81	8.51
	望狐乡	19.96	7.31	10.79	1.21	11.21
成土母质	风沙沉积物	10.00	10.00	10.11	0.20	1.94
	冲积物	11.99	9.10	10.99	0.84	7.61
	黄土母质	15.00	10.34	12.85	1.30	10.15
	坡积物	14.96	14.30	14.63	0.33	2.26
土壤类型	潮　土	12.32	9.70	12.13	0.90	7.46
	粗骨土	14.96	14.30	14.71	0.32	2.15
	褐　土	27.96	6.72	11.67	2.44	20.88
	栗褐土	15.34	7.31	10.34	1.22	11.78
	山地草甸土	13.31	12.98	13.15	0.23	1.78
地形部位	山前冲积平原	15.00	9.10	12.60	1.44	11.45
	坡　腰	11.99	8.51	9.76	0.88	9.02
	山地缓坡地段	11.00	10.34	10.81	0.50	4.61
	低山丘陵坡地	8.81	8.81	10.14	0.67	6.57
	沟　谷	27.96	6.72	11.61	3.00	25.85
	河漫滩	14.30	9.70	11.90	0.98	0.08
	河流一级、二级阶段	16.00	8.51	12.00	1.17	9.71
	黄土丘陵沟谷	17.32	7.31	10.38	1.24	11.96

注：根据2009—2011年测土配方施肥项目数据统计。

（二）全氮

广灵县土壤全氮含量变化范围为0.50～1.46克/千克，平均值为0.73克/千克，属四级水平。见表3-31。

表 3-31 广灵县大田土壤养分全氮统计表

单位：克/千克

项目		最大值	最小值	平均值	标准差	变异系数
乡（镇）	壶泉镇	0.93	0.53	0.78	0.03	3.85
	南村镇	1.46	0.52	0.73	0.02	2.74
	斗泉乡	1.04	0.50	0.79	0.06	7.59
	蕉山乡	0.77	0.52	0.65	0.02	3.08
	加斗乡	0.88	0.58	0.76	0.12	15.79
	宜兴乡	1.00	0.53	0.77	0.08	10.39
	作疃乡	0.88	0.57	0.73	0.04	5.48
	梁庄乡	0.85	0.53	0.72	0.07	9.72
	望狐乡	1.17	0.57	0.68	0.05	7.35
成土母质	风沙沉积物	0.67	0.65	0.66	0.01	1.46
	冲积物	0.73	0.60	0.68	0.04	5.51
	黄土母质	0.91	0.67	0.78	0.06	7.51
	坡积物	0.88	0.85	0.86	0.02	1.85
土壤类型	潮　土	0.72	0.58	0.72	0.06	7.96
	粗骨土	0.78	0.73	0.76	0.02	2.82
	褐　土	1.46	0.50	0.73	0.12	17.00
	栗褐土	0.94	0.55	0.70	0.08	11.05
	山地草甸土	0.82	0.82	0.82	0.00	0.00
地形部位	山前冲积平原	0.91	0.60	0.77	0.07	8.87
	坡　腰	0.77	0.55	0.64	0.05	7.06
	山地缓坡地段	0.70	0.63	0.68	0.03	4.32
	低山丘陵坡地	0.70	0.68	0.71	0.02	2.46
	沟　谷	1.46	0.50	0.75	0.15	20.13
	河漫滩	0.83	0.60	0.72	0.06	0.08
	河流一级、二级阶段	0.93	0.55	0.73	0.07	9.11
	黄土丘陵沟谷	0.99	0.52	0.68	0.07	10.11

注：根据2009—2011年测土配方施肥项目数据统计。

（1）不同行政区域：斗泉乡平均值最高，为0.79克/千克；其次是壶泉镇，平均值0.78克/千克；最低是蕉山乡，平均值为0.65克/千克。

（2）不同地形部位：山前冲积平原平均值最高，为0.77克/千克；其次沟谷，平均值为0.75克/千克。

（3）不同母质：坡积物平均值最高，为0.86克/千克；其次是黄土母质，平均值为0.78克/千克；最低是风沙沉积物，平均值为0.66克/千克。

（4）不同土壤类型：山地草甸土最高，平均值为0.82克/千克；其次是粗骨土，平均值为0.76克/千克；最低是栗褐土，平均值为0.70克/千克。

（三）有效磷

广灵县有效磷含量变化范围为2.28～29.85毫克/千克，平均值为8.33毫克/千克，属五级水平。见表3-32。

表3-32　广灵县大田土壤养分有效磷统计表

单位：毫克/千克

项目		最大值	最小值	平均值	标准差	变异系数
乡（镇）	壶泉镇	29.85	3.95	11.46	4.36	38.05
	南村镇	24.06	2.49	6.44	2.54	39.44
	斗泉乡	28.90	2.28	5.40	3.75	69.44
	蕉山乡	27.00	4.16	8.95	2.30	25.70
	加斗乡	21.42	5.00	9.89	2.12	21.44
	宜兴乡	19.72	5.43	8.60	2.03	23.60
	作疃乡	22.08	3.95	8.17	2.21	27.05
	梁庄乡	19.72	4.16	8.22	1.94	23.60
	望狐乡	13.73	2.91	8.02	1.60	19.95
成土母质	风沙沉积物	8.07	6.75	6.97	0.38	5.47
	冲积物	15.76	5.43	8.68	2.46	28.33
	黄土母质	7.08	4.37	5.72	0.69	11.99
	坡积物	6.42	5.43	5.87	0.50	8.59
土壤类型	潮　土	13.07	5.76	11.38	3.26	28.67
	粗骨土	14.06	13.73	13.90	0.19	1.37
	褐　土	29.85	2.28	7.96	3.30	41.45
	栗褐土	15.00	4.58	8.13	1.42	17.45
	山地草甸土	6.42	6.42	6.42	0.00	0.00
地形部位	山前冲积平原	17.08	4.37	6.26	1.76	28.16
	坡　腰	7.08	2.70	4.25	0.97	22.69
	山地缓坡地段	9.72	7.74	11.64	2.66	22.88
	低山丘陵坡地	11.09	9.06	9.55	0.53	5.60
	沟　谷	28.90	2.28	7.44	2.77	37.27
	河漫滩	19.39	6.75	10.49	2.59	0.25
	河流一级、二级阶段	29.85	2.91	10.37	3.68	35.53
	黄土丘陵沟谷	15.76	2.70	6.51	2.03	31.23

注：根据2009—2011年测土配方施肥项目数据统计。

（1）不同行政区域：壶泉镇平均值最高，为11.46毫克/千克；其次是加斗乡，平均值为9.89毫克/千克；最低是斗泉乡，平均值为5.40毫克/千克。

（2）不同地形部位：山地缓坡地段有效磷最高，平均值11.64毫克/千克；其次是河漫滩，平均值10.49毫克/千克；最低是坡腰，平均值4.25毫克/千克。

（3）不同母质：最高是冲积物，平均值为8.68毫克/千克；其次是风沙沉积物，平均值为6.97毫克/千克；最低是黄土母质，平均值为5.72毫克/千克。

（4）不同土壤类型：粗骨土平均值最高，为13.90毫克/千克；其次是潮土，平均值为11.38毫克/千克；最低是山地草甸土，平均值为6.42毫克/千克。

（四）速效钾

广灵县土壤速效钾含量变化范围为44.40～321.21毫克/千克，平均值111.34毫克/千克，属四级水平。见表3-33。

表3-33 广灵县大田土壤养分速效钾统计表

单位：毫克/千克

项目		最大值	最小值	平均值	标准差	变异系数
乡（镇）	壶泉镇	183.67	80.40	124.92	16.85	13.49
	南村镇	321.21	60.80	142.69	42.32	29.66
	斗泉乡	204.27	44.40	102.31	25.31	24.74
	蕉山乡	170.60	90.20	121.86	11.44	9.39
	加斗乡	183.67	86.94	123.86	12.15	9.81
	宜兴乡	160.80	64.07	105.72	18.52	17.52
	作疃乡	186.94	67.34	116.62	15.27	13.09
	梁庄乡	150.00	60.80	89.15	14.13	15.85
	望狐乡	204.27	54.27	84.63	15.21	17.97
成土母质	风沙沉积物	123.87	107.53	112.98	6.80	6.02
	冲积物	150.00	86.94	101.54	14.21	13.99
	黄土母质	150.00	86.94	113.57	13.34	11.74
	坡积物	123.87	101.00	110.80	11.78	10.63
土壤类型	潮　土	140.20	96.74	125.84	11.27	8.96
	粗骨土	136.94	117.34	125.50	8.64	6.89
	褐　土	321.21	44.40	120.47	32.07	26.62
	栗褐土	130.40	54.27	85.04	12.89	15.15
	山地草甸土	104.27	93.47	98.87	7.63	7.72
地形部位	山前冲积平原	167.34	86.94	112.20	14.19	12.65
	坡　腰	143.47	73.87	93.74	15.20	16.21
	山地缓坡地段	136.94	107.53	116.40	10.28	8.83
	低山丘陵坡地	90.20	86.94	102.30	8.60	8.41
	沟　谷	293.12	44.40	118.11	41.09	34.79
	河漫滩	143.47	100.00	121.15	9.49	0.08
	河流一级、二级阶段	321.21	73.87	124.32	16.01	12.88
	黄土丘陵沟谷	164.07	60.80	100.32	19.76	19.69

注：根据2009—2011年测土配方施肥项目数据统计。

（1）不同行政区域：南村镇最高，平均值为 142.69 毫克/千克；其次是壶泉镇，平均值为 124.92 毫克/千克；最低是望狐乡，平均值为 84.63 毫克/千克。

（2）不同地形部位：河流一级、二级阶段平均值最高，为 124.32 毫克/千克；其次是河漫滩，平均值为 121.15 毫克/千克；最低是坡腰，平均值为 93.74 毫克/千克。

（3）不同母质的速效钾平均值相差较小：最高为黄土母质，平均值为 113.57 毫克/千克；其次为风沙沉积物，平均值为 112.98 毫克/千克；最低是冲积物，平均值为 101.54 毫克/千克。

（4）不同土壤类型：潮土最高，平均值为 125.84 毫克/千克；其次是粗骨土，平均值为 125.50 毫克/千克；最低是栗褐土，平均值为 85.04 毫克/千克。

（五）缓效钾

广灵县土壤缓效钾变化范围 488.85～1 503.20 毫克/千克，平均值为 770.48 毫克/千克，属三级水平。见表 3 - 34。

表 3 - 34　广灵县大田土壤养分缓效钾统计表

单位：毫克/千克

项　目		最大值	最小值	平均值	标准差	变异系数
乡（镇）	壶泉镇	920.93	577.77	694.39	47.14	6.79
	南村镇	1 503.20	566.66	931.15	164.68	17.69
	斗泉乡	1 270.74	511.08	735.96	126.60	17.20
	蕉山乡	880.02	566.66	695.23	43.22	6.22
	加斗乡	940.86	566.66	688.02	50.77	7.38
	宜兴乡	1 140.16	640.86	857.27	97.81	11.41
	作疃乡	1 020.58	533.31	685.53	54.60	7.96
	梁庄乡	940.86	488.85	751.47	71.26	9.48
	望狐乡	1 180.02	660.79	845.24	76.88	9.10
成土母质	风沙沉积物	640.86	660.79	660.79	0.00	0.00
	冲积物	700.65	555.54	660.25	49.83	7.55
	黄土母质	940.86	680.72	817.62	70.66	8.64
	坡积物	960.79	920.93	940.86	19.93	2.12
土壤类型	潮　土	620.93	566.66	675.29	45.52	6.74
	粗骨土	1 060.44	1 040.51	1 055.46	9.97	0.94
	褐　土	1 503.20	488.85	784.95	149.33	19.02
	栗褐土	1 080.37	660.79	826.18	74.16	8.98
	山地草甸土	899.95	860.09	880.02	28.19	3.20
地形部位	山前冲积平原	960.79	555.54	796.24	89.97	11.30
	坡　腰	980.72	640.86	722.92	65.07	9.00
	山地缓坡地段	600.00	544.43	589.44	40.37	6.85
	低山丘陵坡地	740.51	720.58	730.55	10.92	1.49
	沟　谷	1 503.20	488.85	841.93	167.49	19.89
	河漫滩	740.51	566.66	674.35	34.53	0.05
	河流一级、二级阶段	940.86	533.31	699.24	58.90	8.42
	黄土丘陵沟谷	1 293.99	522.20	792.02	96.40	12.17

注：根据 2009—2011 年测土配方施肥项目数据统计。

（1）不同行政区域，南村镇平均值最高，为 931.15 毫克/千克；其次是宜兴乡，平均值为 857.27 毫克/千克；作疃乡最低，平均值为 685.53 毫克/千克。

（2）不同地形部位：沟谷最高，平均值为 841.93 毫克/千克；其次是山前冲积平原，平均值为 796.24 毫克/千克；最低是山地缓坡地段，平均值为 589.44 毫克/千克。

（3）不同母质：坡积物最高，平均值为 940.86 毫克/千克；其次是黄土母质，平均值为 817.62 毫克/千克；风沙沉积物和冲积物最低，平均值为 660.79 毫克/千克和 660.25 毫克/千克。

（4）不同土壤类型：粗骨土最高，平均值为 1 055.46 毫克/千克；其次是山地草甸土，平均值为 880.02 毫克/千克；褐土最低，平均值为 784.95 毫克/千克。

二、有机质及大量元素分级论述

广灵县耕地土壤大量元素分级面积及占耕地面积的百分比见表 3－35。

表 3－35 广灵县耕地土壤大量元素分级面积及占耕地面积百分比

级别		一级	二级	三级	四级	五级	六级
有机质	面积（亩）	772.44	2 448.67	5 865.08	371 711.2	112 721.6	0
	占比（%）	0.16	0.50	1.19	75.31	22.84	0
全氮	面积（亩）	0	1 968.41	3 340.62	125 125.2	363 084.75	0
	占比（%）	0	0.40	0.68	25.35	73.57	0
有效磷	面积（亩）	1 504.77	2 096.44	13 801.69	80 109.35	325 366.95	70 639.78
	占比（%）	0.32	0.42	2.8	16.23	65.92	14.31
速效钾	面积（亩）	965.17	3 835.08	28 765.83	310 964.2	147 799.62	1 189.04
	占比（%）	0.20	0.78	5.83	63.00	29.95	0.24
缓效钾	面积（亩）	2 979.84	45 144.38	438 728.7	666.1	0	0
	占比（%）	0.60	9.15	88.90	1.35	0	0

注：根据 2009—2011 年测土配方施肥项目数据统计。

（一）土壤有机质

一级　广灵县分布面积很少，为 772.44 亩，占总耕地面积的 0.16%。

二级　有机质含量为 20.01～25 克/千克，面积为 2 448.67 亩，占总耕地面积的 0.5%。主要分布在南村镇西南部山区。

三级　有机质含量为 15.01～20.0 克/千克，面积为 5 865.08 亩，占总耕地面积的 1.19%。主要分布南村镇、斗泉乡山区以畜牧养殖为主的地区。

四级　有机质含量为 10.01～15.0 克/千克，面积为 371 711.2 亩，占总耕地面积的 75.31%，广泛分布在全县的各个乡（镇）。

五级　有机质含量为 5.01～10.1 克/千克，面积为 112 721.6 亩，占总耕地面积的 22.84%。主要分布在望狐乡、梁庄乡、南村镇、斗泉乡的黄土丘陵地上。

六级　全县无分布。

（二）全氮

一级　广灵县无分布。

二级　全氮含量为 1.2～1.5 克/千克，面积只有 1 968.41 亩，占总耕地面积的 0.4%，主要分布在南村镇西南部的中山耕地上。

三级　全氮含量为 1.001～1.20 克/千克，面积只有 3 340.62 亩，占总耕地面积的 0.68%，主要分布南村镇西南部和宜兴乡南部中山耕地上。

四级　全氮含量为 0.701～1.000 克/千克，面积为 125 125.2 亩，占总耕地面积的 25.35%，广泛分布在全县的各个乡（镇）。

五级　全氮含量为 0.501～0.70 克/千克，面积为 363 084.7 亩，占总耕地面积的 73.57%，广泛分布在全县的各个乡（镇）。

六级　全氮含量小于 0.5 克/千克，全县无分布。

（三）有效磷

一级　广灵县有效磷含量大于 25.00 毫克/千克，面积 1 504.77 亩，占总耕地面积的 0.32%。主要分布在斗泉乡北部山区面积很小。

二级　有效磷含量为 20.1～25.00 毫克/千克，面积 2 096.44 亩，占总耕地面积的 0.42%。主要分布在蕉山、南村等乡（镇）。

三级　有效磷含量为 15.1～20.1 毫克/千克，面积 13 801.69 亩，占总耕地面积的 2.8%。广泛分布在各乡（镇）的高产水地和蔬菜地。

四级　有效磷含量为 10.1～15.0 毫克/千克。面积 80 109.35 亩，占总耕地面积的 16.23%。广泛分布在全县的高产水地和中高产旱地上。

五级　有效磷含量为 5.1～10.0 毫克/千克。面积 325 366.9 亩，占总耕地面积 65.92%，广泛分布在全县各乡（镇）。

六级　有效磷含量小于 5.0 毫克/千克，面积 70 639.78 亩，占总耕地面积的 14.31%，主要分布在南部黄土丘陵的瘠薄地块上。

（四）速效钾

一级　广灵县速效钾含量为 250 毫克/千克以上，面积 965.17 亩，占总耕地面积的 0.2%，主要分布在南村镇的西南部低山耕地上。

二级　速效钾含量为 201～250 毫克/千克，面积 3 835.08 亩，占总耕地面积的 0.78%，主要分布在南村镇的西南部低山耕地上。

三级　速效钾含量为 151～200 毫克/千克，面积 28 765.83 亩，占总耕地面积的 5.83%。

四级　速效钾含量为 101～150 毫克/千克，面积 310 964.2 亩，占总耕地面积的 63.00%，广泛分布在全县各乡（镇）。

五级　速效钾含量为 51～100 毫克/千克，面积 147 799.6 亩，占总耕地面积的 29.95%，广泛分布在全县各乡（镇）。

六级　速效钾含量小于 50 毫克/千克，面积 1 189.04 亩，占总耕地面积的 0.24%。

（五）缓效钾

Ⅰ级　广灵县缓效钾含量在大于 1 200 毫克/千克，面积 2 979.84 亩，占总耕地面积的0.6%，主要分布在南村镇的西南部低山耕地上。

Ⅱ级　缓效钾含量为901～1 200毫克/千克，面积45 144.38亩，占总耕地面积的9.15%，主要分布在南村镇，其次在宜兴的南部山区的耕地上。

Ⅲ级　缓效钾含量为601～900毫克/千克，面积438 728.7亩，占总耕地面积的88.90%，广泛分布在全县各乡（镇）。

Ⅳ级　缓效钾含量为351～600毫克/千克，面积666.1亩，占总耕地面积的1.35%，广泛分布在全县各乡（镇）。

Ⅴ级、Ⅵ级　全县无分布。

第三节　中量元素（有效硫）

中量元素背景值的表达方式以各统计单元养分汇总结果的算术平均值和标准差来表示。以单位体硫（S）表示，表示单位为毫克/千克。

2009—2011年，测土配方施肥项目只进行了土壤有效硫的测试，交换性钙、交换性镁没有测试。所以，只是统计了有效硫的情况，由于有效硫目前全国范围内仅有酸性土壤临界值，而全县土壤属石灰性土壤，没有临界值标准。因而只能根据养分分量的具体情况进行级别划分，分6个级别，见表3-31。

一、含量与分布

广灵县土壤有效硫变化范围为18.05～127.27毫克/千克，平均值为43.17毫克/千克，属四级水平。见表3-36。

表3-36　广灵县大田土壤硫元素统计表

单位：毫克/千克

项　目		最大值	最小值	平均值	标准差	变异系数
乡（镇）	壶泉镇	63.41	19.21	29.54	6.47	21.90
	南村镇	127.27	28.42	55.83	9.88	17.70
	斗泉乡	102.82	22.11	44.89	8.20	18.27
	蕉山乡	76.71	18.05	27.40	7.40	27.01
	加斗乡	73.39	19.21	26.11	5.28	20.22
	宜兴乡	60.08	19.79	39.47	9.47	23.99
	作疃乡	53.43	18.63	25.74	5.54	21.52
	梁庄乡	60.08	30.08	49.32	3.87	7.85
	望狐乡	66.73	53.43	61.77	3.00	4.86

（续）

项　目		最大值	最小值	平均值	标准差	变异系数
成土母质	风沙沉积物	26.76	26.76	26.76	0.00	0.00
	冲积物	25.00	22.11	23.63	0.84	3.56
	黄土母质	66.73	46.68	58.14	5.91	10.17
	坡积物	63.41	60.08	62.30	1.92	3.08
土壤类型	潮　土	28.42	20.37	31.15	7.95	25.51
	粗骨土	56.75	60.08	59.25	1.66	2.81
	褐土	127.27	18.05	40.76	14.66	35.98
	栗褐土	76.71	45.02	58.15	6.85	11.79
	山地草甸土	63.41	60.08	61.74	2.35	3.81
地形部位	山前冲积平原	66.73	22.11	52.89	13.67	25.86
	坡　腰	63.41	22.68	47.10	5.72	12.15
	山地缓坡地段	28.42	22.68	25.90	2.27	8.77
	低山丘陵坡地	53.43	53.43	53.43	0.00	0.00
	沟　谷	127.27	18.05	48.22	13.97	28.98
	河漫滩	56.75	22.11	32.17	6.65	0.21
	河流一级、二级阶段	73.39	19.21	30.60	10.17	33.25
	黄土丘陵沟谷	83.37	22.11	50.22	9.96	19.83

注：根据2009—2011年测土配方施肥项目数据统计。

（1）不同行政区域：望狐乡最高，平均值为61.77毫克/千克；其次是南村镇，平均值为55.83毫克/千克；最低是作疃乡，平均值为25.74克/千克。

（2）不同地形部位：低山丘陵坡地最高，平均值为53.43毫克/千克；其次是山前冲积平原，平均值为52.89毫克/千克；最低是山地缓坡地段，平均值为25.90毫克/千克。

（3）不同母质：坡积物最高，平均值为62.30毫克/千克；其次是黄土母质，平均值为58.14毫克/千克；最低是冲积物，平均值为23.63毫克/千克。

（4）不同土壤类型：山地草甸土最高，平均值为61.74毫克/千克；其次是粗骨土，平均值为59.25毫克/千克；最低是潮土，平均值为31.15毫克/千克。

二、分级论述

广灵县耕地土壤有效硫分级面积见表3-37。

一级　有效硫含量大于200.0毫克/千克，全县无分布。

二级　有效硫含量为100.1～200.0毫克/千克，面积为1 097.85亩，占总耕地面积的0.22%。

三级　有效硫含量为50.1～100毫克/千克，面积为158 965亩，占总耕地面积的32.21%，广泛分布在全县各乡（镇）。

四级　有效硫含量为25.1～50毫克/千克，面积为227 845亩，占总耕地面积46.17%，广泛分布在全县各乡（镇）。

五级　有效硫含量为12.1～25.0毫克/千克，面积为105 611.2亩，占总耕地面积的21.4%，广泛分布在全县各乡（镇）。

六级　有效硫含量小于等于12.0毫克/千克，全县无分布。

表3-37　广灵县耕地土壤有效硫分级面积

项　目	一级	二级	三级	四级	五级	六级
面积（亩）	0	1 097.85	158 965	227 845	105 611.2	0
占比（%）	0	0.22	32.21	46.17	21.40	0

注：根据2009—2011年测土配方施肥项目数据统计。

第四节　微量元素

土壤微量元素的表达方式以各统计单元养分汇总结果的算术平均值和标准差来表示，分别以单体Cu、Zn、Mn、Fe、B、Mo表示，单位为毫克/千克。

土壤微量元素参照山西省第二次土壤普查的标准，结合广灵县土壤养分含量状况重新进行划分，各分6个级别，见表3-29。

一、含量与分布

（一）有效铜

广灵县土壤有效铜含量变化范围为0.54～3.04毫克/千克，平均值0.91毫克/千克，属四级水平。见表3-38。

（1）不同行政区域：壶泉镇平均值最高，为1.13毫克/千克；其次是加斗乡，平均值为0.98毫克/千克；梁庄乡最低，平均值为0.78毫克/千克。

（2）不同地形部位：河漫滩最高，平均值为1.87毫克/千克；其次是河流一级、二级阶地，平均值为0.99毫克/千克；最低是低山丘陵坡地，平均值为0.71毫克/千克。

（3）不同母质：风沙沉积物最高，平均值为0.86毫克/千克；其次是坡积物，平均值为0.84毫克/千克；最低是黄土母质和冲积物，平均值为0.79毫克/千克。

（4）不同土壤类型：潮土最高，平均值为1.09毫克/千克；其次是粗骨土，平均值为1.05毫克/千克；最低是山地草甸土，平均值为0.77毫克/千克。

（二）有效锌

广灵县土壤有效锌含量变化范围为0.31～3.46毫克/千克，平均值为0.90毫克/千克，属四级水平。见表3-39。

（1）不同行政区域：壶泉镇平均值最高，为1.27毫克/千克；其次是宜兴乡，平均值为1.07毫克/千克；最低是斗泉乡，平均值为0.76毫克/千克。

表 3-38　广灵县大田土壤有效铜统计表

单位：毫克/千克

项　目		最大值	最小值	平均值	标准差	变异系数
乡（镇）	壶泉镇	3.04	0.71	1.13	0.28	24.78
	南村镇	1.43	0.58	0.84	0.13	15.48
	斗泉乡	1.43	0.61	0.90	0.14	15.56
	蕉山乡	2.39	0.54	0.92	0.23	25.00
	加斗乡	1.61	0.77	0.98	0.13	13.27
	宜兴乡	1.21	0.74	0.92	0.11	11.96
	作疃乡	1.71	0.61	0.87	0.12	13.79
	梁庄乡	0.93	0.67	0.78	0.04	5.13
	望狐乡	0.93	0.67	0.86	0.06	6.98
成土母质	风沙沉积物	0.87	0.84	0.86	0.02	2.20
	冲积物	0.87	0.71	0.79	0.04	4.79
	黄土母质	1.34	0.64	0.79	0.10	12.26
	坡积物	0.87	0.80	0.84	0.03	3.91
土壤类型	潮　土	1.61	0.61	1.09	0.23	21.26
	粗骨土	1.14	0.97	1.05	0.08	7.24
	褐　土	2.76	0.54	0.90	0.18	20.47
	栗褐土	0.93	0.74	0.84	0.06	7.20
	山地草甸土	0.77	0.77	0.77	0.00	0.00
地形部位	山前冲积平原	1.34	0.64	0.79	0.09	11.49
	坡　腰	1.54	0.61	0.80	0.17	20.92
	山地缓坡地段	0.80	0.74	0.77	0.03	4.23
	低山丘陵坡地	0.77	0.67	0.71	0.02	2.92
	沟　谷	1.67	0.58	0.84	0.12	13.96
	河漫滩	1.87	1.87	1.87	1.87	1.87
	河流一级、二级阶地	2.76	0.54	0.99	0.22	22.17
	黄土丘陵沟谷	1.37	0.61	0.86	0.11	12.66

注：根据2009—2011年测土配方施肥项目数据统计。

（2）不同地形部位：河漫滩平均值最高，为1.14毫克/千克；其次是河流一级、二级阶地，平均值为1.04毫克/千克；最低是低山丘陵坡地，平均值为0.46毫克/千克。

（3）不同母质：坡积物平均值最高，为1.13毫克/千克；其次是黄土田质，平均值为0.95毫克/千克；最低是冲积物，平均值为0.71毫克/千克。

（4）不同土壤类型：潮土最高，平均值为1.14毫克/千克；其次是粗骨土，平均值为1.03毫克/千克；最低是栗褐土，平均值为0.81毫克/千克。

表 3-39　广灵县大田土壤有效锌统计表

单位：毫克/千克

项目		最大值	最小值	平均值	标准差	变异系数
乡（镇）	壶泉镇	3.16	0.58	1.27	0.38	29.92
	南村镇	3.46	0.44	0.97	0.31	31.96
	斗泉乡	2.30	0.31	0.76	0.28	36.84
	蕉山乡	2.11	0.51	0.89	0.21	23.60
	加斗乡	2.01	0.67	0.99	0.14	14.14
	宜兴乡	1.40	0.64	1.07	0.17	15.89
	作疃乡	2.50	0.49	0.85	0.21	24.71
	梁庄乡	2.21	0.36	0.80	0.37	46.25
	望狐乡	1.04	0.74	0.82	0.05	6.10
成土母质	风沙沉积物	0.90	0.84	0.86	0.02	2.20
	冲积物	0.80	0.50	0.71	0.08	10.68
	黄土母质	1.17	0.61	0.95	0.13	13.52
	坡积物	1.17	1.11	1.13	0.04	3.34
土壤类型	潮　土	1.43	0.67	1.14	0.20	17.29
	粗骨土	1.04	1.00	1.03	0.02	2.07
	褐　土	3.46	0.31	0.95	0.33	34.20
	栗褐土	1.14	0.47	0.81	0.16	19.29
	山地草甸土	0.90	0.84	0.87	0.05	5.31
地形部位	山前冲积平原	1.17	0.50	0.92	0.15	16.07
	坡　腰	1.61	0.34	0.51	0.23	45.88
	山地缓坡地段	0.84	0.71	0.79	0.06	7.91
	低山丘陵坡地	0.71	0.40	0.46	0.11	23.40
	沟　谷	2.70	0.34	0.91	0.28	31.21
	河漫滩	1.61	0.74	1.14	0.28	0.24
	河流一级、二级阶地	2.21	0.49	1.04	0.25	24.27
	黄土丘陵沟谷	3.46	0.31	0.84	0.36	42.77

注：根据 2009—2011 年测土配方施肥项目数据统计。

（三）有效锰

广灵县土壤有效锰含量变化范围为 4.00～14.33 毫克/千克，平均值为 8.43 毫克/千克，属四级水平。见表 3-40。

（1）不同行政区域：作疃乡平均值最高，为 9.64 毫克/千克；其次是壶泉镇，平均值为 9.59 毫克/千克；最低是南村镇，平均值为 7.63 毫克/千克。

（2）不同地形部位：河流一级、二级阶地最高，平均值为 9.65 毫克/千克；其次是河漫滩，平均值为 9.29 毫克/千克；最低是山前冲积平原，平均值为 7.44 毫克/千克。

（3）不同母质，冲积物最高，平均值为 9.80 毫克/千克；其次是风沙沉积物，平均值为 7.90 毫克/千克；最低是黄土母质，平均值为 7.01 毫克/千克。

（4）不同土壤类型：潮土最高，平均值为 9.59 毫克/千克；其次是褐土和粗骨土，平均值为 8.53 毫克/千克和 8.51 毫克/千克；最低是栗褐土，平均值为 7.83 毫克/千克。

表 3-40　广灵县大田土壤有有效锰统计表

单位：毫克/千克

项　目		最大值	最小值	平均值	标准差	变异系数
乡（镇）	壶泉镇	14.33	6.34	9.59	1.11	11.57
	南村镇	12.34	4.00	7.63	1.42	18.61
	斗泉乡	11.67	5.68	8.35	0.83	9.94
	蕉山乡	11.67	7.01	8.59	0.82	9.55
	加斗乡	13.00	7.01	9.53	1.00	10.49
	宜兴乡	13.00	6.34	8.86	2.03	22.91
	作疃乡	13.00	6.34	9.64	1.16	12.03
	梁庄乡	9.01	6.34	7.79	0.47	6.03
	望狐乡	8.34	6.34	7.90	0.55	6.96
成土母质	风沙沉积物	8.34	7.67	7.90	0.38	4.87
	冲积物	10.34	7.67	9.80	0.74	7.54
	黄土母质	8.34	5.68	7.01	0.91	12.96
	坡积物	8.34	7.01	7.67	0.67	8.68
土壤类型	潮　土	9.67	7.01	9.59	0.99	10.28
	粗骨土	8.34	8.34	8.51	0.33	3.91
	褐　土	14.33	4.00	8.53	1.45	16.99
	栗褐土	8.34	6.34	7.83	0.51	6.56
	山地草甸土	7.01	7.01	7.01	0.00	0.00
地形部位	山前冲积平原	11.00	5.68	7.44	1.31	17.64
	坡　腰	11.00	7.67	8.35	0.73	8.72
	山地缓坡地段	9.67	8.34	9.01	0.54	6.04
	低山丘陵坡地	7.67	7.67	7.67	0.00	0.00
	沟　谷	11.67	4.00	7.81	1.18	15.04
	河漫滩	11.00	7.67	9.29	0.77	0.08
	河流一级、二级阶地	14.33	6.34	9.65	1.22	12.65
	黄土丘陵沟谷	11.67	5.68	8.35	0.88	10.60

注：根据 2009—2011 年测土配方施肥项目数据统计。

（四）有效铁

广灵县土壤有效铁含量变化范围为 2.08～29.85 毫克/千克，平均值为 7.35 毫克/千克，属四级水平。见表 3-41。

表 3-41 广灵县大田土壤有效铁统计表

单位：毫克/千克

项目		最大值	最小值	平均值	标准差	变异系数
乡（镇）	壶泉镇	11.05	4.67	8.72	0.14	1.61
	南村镇	11.05	3.34	7.99	0.23	2.88
	斗泉乡	9.67	2.08	6.52	0.13	1.99
	蕉山乡	11.05	3.84	8.26	0.11	1.33
	加斗乡	10.53	5.68	8.99	0.14	1.56
	宜兴乡	9.33	6.34	8.70	0.17	1.95
	作疃乡	9.33	4.00	7.40	0.21	2.84
	梁庄乡	6.34	3.51	5.46	0.37	6.78
	望狐乡	8.34	6.01	7.96	0.05	0.63
成土母质	风沙沉积物	7.67	7.67	7.78	0.19	2.47
	冲积物	7.67	6.34	7.23	0.34	4.66
	黄土母质	10.79	6.34	8.26	1.04	12.56
	坡积物	8.34	8.00	8.11	0.19	2.37
土壤类型	潮　土	7.01	5.00	7.29	1.22	16.71
	粗骨土	9.00	9.33	9.33	0.27	2.91
	褐　土	11.05	2.08	6.33	1.37	21.69
	栗褐土	7.67	4.00	6.52	1.09	16.69
	山地草甸土	7.67	7.34	7.51	0.24	3.13
地形部位	山前冲积平原	10.79	6.34	8.11	1.00	12.34
	坡　腰	7.34	3.51	4.09	0.75	18.25
	山地缓坡地段	6.67	5.34	5.96	0.40	6.78
	低山丘陵坡地	4.67	3.67	3.92	0.37	9.56
	沟　谷	11.05	3.01	6.09	1.22	20.05
	河漫滩	11.05	5.00	7.65	1.32	0.17
	河流一级、二级阶地	29.85	2.91	10.37	3.68	35.53
	黄土丘陵沟谷	15.76	2.70	6.51	2.03	31.23

注：根据 2009—2011 年测土配方施肥项目数据统计。

（1）不同行政区域：加斗乡平均值最高，为 8.99 毫克/千克；其次是壶泉镇，平均值为 8.72 毫克/千克；最低是梁庄乡，平均值为 5.46 毫克/千克。

（2）不同地形部位：河流一级、二级阶地最高，平均值为 10.37 毫克/千克；其次是山前冲积平原，平均值为 8.11 毫克/千克；最低是低山丘陵坡地，平均值为 3.92 毫克/千克。

（3）不同母质：黄土母质最高，平均值为 8.26 毫克/千克；其次是坡积物，平均值为 8.11 毫克/千克；最低是冲积物，平均值为 7.23 毫克/千克。

（4）不同土壤类型：粗骨土最高，平均值为 9.33 毫克/千克；其次是潮土，平均值为

7.29 毫克/千克；褐土最低，平均值为 6.33 毫克/千克。

（五）有效硼

广灵县土壤有效硼含量变化范围为 0.40～1.19 毫克/千克，平均值为 0.62 毫克/千克，属四级水平。见表 3-42。

表 3-42　广灵县大田土壤有效硼统计表

单位：毫克/千克

项目		最大值	最小值	平均值	标准差	变异系数
乡（镇）	壶泉镇	1.19	0.40	0.67	0.08	0.12
	南村镇	0.90	0.40	0.62	0.07	0.11
	斗泉乡	0.80	0.40	0.62	0.06	0.10
	蕉山乡	1.12	0.42	0.75	0.10	0.13
	加斗乡	1.00	0.47	0.76	0.08	0.11
	宜兴乡	0.80	0.50	0.62	0.05	0.08
	作疃乡	0.93	0.38	0.62	0.08	0.13
	梁庄乡	0.64	0.47	0.56	0.03	0.05
	望狐乡	0.61	0.54	0.60	0.02	0.03
成土母质	风沙沉积物	0.74	0.71	0.72	0.02	2.63
	冲积物	0.64	0.40	0.52	0.06	10.64
	黄土母质	0.74	0.49	0.59	0.04	6.33
	坡积物	0.58	0.58	0.58	0.00	0.00
土壤类型	潮　土	0.74	0.49	0.70	0.07	9.90
	粗骨土	0.58	0.54	0.57	0.02	2.87
	褐　土	1.19	0.38	0.64	0.09	14.58
	栗褐土	0.64	0.54	0.59	0.03	4.42
	山地草甸土	0.58	0.54	0.56	0.02	4.12
地形部位	山前冲积平原	0.74	0.40	0.59	0.05	8.74
	坡　腰	0.74	0.42	0.55	0.07	12.39
	山地缓坡地段	0.58	0.54	0.62	0.06	9.03
	低山丘陵坡地	0.58	0.49	0.51	0.02	3.80
	沟　谷	1.12	0.38	0.62	0.08	12.21
	河漫滩	1.00	0.61	0.75	0.10	0.13
	河流一级、二级阶地	1.01	0.38	0.69	0.09	13.71
	黄土丘陵沟谷	0.80	0.43	0.61	0.06	10.12

注：根据 2009—2011 年测土配方施肥项目数据统计。

（1）不同行政区域：加斗乡平均值最高，为 0.76 毫克/千克；其次是蕉山乡，平均值为 0.75 毫克/千克；最低是梁庄乡，平均值为 0.56 毫克/千克。

（2）不同地形部位：河漫滩平均值最高，为 0.75 毫克/千克；其次是河流一级、二级阶地，平均值为 0.69 毫克/千克；最低是低山丘陵坡地，平均值为 0.51 毫克/千克。

（3）不同母质：风沙沉积物最高，平均值为 0.72 毫克/千克；其次是黄土母质，平均值为 0.59 毫克/千克；最低是低山丘陵坡地，平均值为 0.51 毫克/千克。

（4）不同土壤类型：潮土最高，平均值为 0.70 毫克/千克；其次是褐土，平均值为 0.64 毫克/千克；最低是粗骨土和山地草甸土，平均值为 0.57 毫克/千克和 0.56 毫克/千克。

二、分级论述

（一）有效铜

一级　有效铜含量为大于 2.0 毫克/千克，面积为 1 579.09 亩，占总耕地面积的 0.32%，主要分布在壶泉镇。

二级　有效铜含量为 1.51～2.0 毫克/千克，面积为 10 070.16 亩，占总耕地面积的 2.04%，主要分布在壶泉镇。

三级　有效铜含量为 1.01～1.50 毫克/千克，面积为 114 005.04 亩，占总耕地面积的 23.10%，广泛分布在全县各个乡（镇）。

四级　有效铜含量为 0.51～1.00 毫克/千克，面积为 367 864.69 亩，占总耕地面积 74.54%，广泛分布在全县各个乡（镇）。

五级、六级　有效铜含量为 0.21～0.50 毫克/千克，全县无分布。

（二）有效锰

一级　有效锰含量为大于 30 毫克/千克，全县无分布。

二级　有效锰含量为 20.01～30 毫克/千克，全县无分布。

三级　有效锰含量为 15.01～20 毫克/千克，全县无分布。

四级　有效锰含量为 5.01～15.00 毫克/千克，面积为 492 190.28 亩，占总耕地面积的 99.73%，广泛分布在全县各乡（镇）。

五级　有效锰含量为 1.01～5.00 毫克/千克，面积为 1 328.7 亩，占总耕地面积的 0.27%，广泛分布在全县各乡（镇）。

六级　有效锰含量小于 1.00 毫克/千克，全县无分布。

（三）有效锌

一级　有效锌含量大于 3.00 毫克/千克，面积为 685.14 亩，占总耕地面积的 0.14%，分布于壶泉镇。

二级　有效锌含量为 1.51～3.00 毫克/千克，面积为 29 706.6 亩，占总耕地面积的 6.02%，分布于壶泉、南村、梁庄等乡（镇）。

三级　有效锌含量为 1.01～1.50 毫克/千克，面积为 146 440.5 亩，占总耕地面积的 29.67%，广泛分布在全县各乡（镇）。

四级　有效锌含量为 0.51～1.00 毫克/千克，面积 276 993.5 亩，占总耕地面积的 56.13%，广泛分布在全县各乡（镇）。

五级　有效锌含量为 0.31～0.50 毫克/千克，面积为 39 693.21 亩，占总耕地面积的 8.04%，分布在梁庄、斗泉等乡（镇）。

六级　有效锌含量小于等于 0.30 毫克/千克，全县无分布。

（四）有效铁

一级　有效铁含量大于 20.00 毫克/千克，全县无分布。

二级　有效铁含量为 15.01～20.00 毫克/千克，全县无分布。

三级　有效铁含量为 10.01～15.00 毫克/千克，面积为 3 664.78 亩，占总耕地面积的 0.74%，主要分布在南村镇。

四级　有效铁含量为 5.01～10.00 毫克/千克，面积为 403 252.4 亩，占总耕地面积的 81.72%，广泛分布在全县各乡（镇）。

五级　有效铁含量为 2.51～5.00 毫克/千克，全县面积 86 549.15 亩，占总耕地面积的 17.54%，广泛分布在全县各乡（镇）。

六级　有效铁含量小于等于 2.50 毫克/千克，全县无分布。

（五）有效硼

一级　有效硼含量大于 2.00 毫克/千克，全县无分布。

二级　有效硼含量为 1.51～2.00 毫克/千克，全县无分布。

三级　有效硼含量为 1.01～1.50 毫克/千克，面积为 2 391.84 亩，占总耕地面积的 0.48%。分布于蕉山乡。

四级　有效硼含量为 0.51～1.00 毫克/千克，面积为 475 402.6 亩，占总耕地面积的 96.33%，广泛分布于全县各乡（镇）。

五级　有效硼含量为 0.21～0.50 毫克/千克，面积为 15 724.53 亩，占总耕地面积的 3.19%。分布于南村、梁庄斗泉等乡（镇）。

六级　有效硼含量小于等于 0.20 毫克/千克，全县无分布。

微量元素土壤分级面积见表 3-43。

表 3-43　广灵县耕地土壤微量元素分级面积及占到耕地的比例

级别		一级	二级	三级	四级	五级	六级
有效硫	面积（亩）	0	1 097.85	158 965	227 845	105 611.2	0
	占比（%）	0	0.22	32.21	46.17	21.4	0
有效锰	面积（亩）	0	0	0	492 190.28	1 328.7	0
	占比（%）	0	0	99.73	0.27	0	0
水溶性硼	面积（亩）	0	0	2 391.84	475 402.6	15 724.53	0
	占比（%）	0	0	0.48	96.33	3.19	0
有效铁	面积（亩）	0	0	3 664.78	403 252.4	86 549.15	0
	占比（%）	0	0	0.74	81.72	17.54	0
有效铜	面积（亩）	1 579.09	10 070.16	114 005.04	367 864.69	0	0
	占比（%）	0.32	2.04	23.10	74.54	0	0
有效锌	面积（亩）	685.14	29 706.6	146 440.5	276 993.5	39 693.21	0
	占比（%）	0.14	6.02	29.67	56.13	8.04	0

注：根据 2009—2011 年测土配方施肥项目数据统计。

第五节　其他理化性状

一、土壤 pH

广灵县耕地土壤 pH 变化范围为 7.81～8.50，平均值为 8.29。见表 3-44。

表 3-44　广灵县大田土壤 pH 统计表

项　目		最大值	最小值	平均值	标准差	变异系数
乡（镇）	壶泉镇	8.43	8.12	8.33	0.06	0.72
	南村镇	8.43	8.12	8.19	0.11	1.34
	斗泉乡	8.43	7.81	8.27	0.10	1.21
	蕉山乡	8.43	8.12	8.30	0.05	0.60
	加斗乡	8.43	7.96	8.32	0.06	0.72
	宜兴乡	8.28	8.12	8.29	0.07	0.84
	作疃乡	8.49	7.96	8.32	0.06	0.72
	梁庄乡	8.43	7.81	8.31	0.04	0.48
	望狐乡	8.43	8.12	8.29	0.03	0.36
成土母质	风沙沉积物	8.28	8.36	8.36	0.00	0.00
	冲积物	8.44	8.28	8.33	0.05	0.59
	黄土母质	8.36	8.28	8.31	0.04	0.46
	坡积物	8.36	8.28	8.31	0.05	0.54
土壤类型	潮　土	8.44	8.13	8.32	0.06	0.70
	粗骨土	8.05	8.05	8.05	0.00	0.00
	褐　土	8.50	7.81	8.28	0.10	1.21
	栗褐土	8.36	8.20	8.30	0.03	0.40
	山地草甸土	8.28	8.28	8.28	0.00	0.00
地形部位	山前冲积平原	8.44	8.20	8.32	0.04	0.51
	坡　腰	8.36	8.05	8.27	0.07	0.89
	山地缓坡地段	8.36	8.36	8.39	0.04	0.50
	低山丘陵坡地	8.36	8.28	8.32	0.04	0.51
	沟　谷	8.44	7.81	8.25	0.11	1.33
	河漫滩	8.44	8.13	8.32	0.06	0.01
	河流一级、二级阶段	8.50	7.97	8.31	0.06	0.71
	黄土丘陵沟谷	8.44	7.97	8.28	0.08	0.97

注：根据 2009—2011 年测土配方施肥项目数据统计。

（1）不同行政区域：壶泉镇最高，pH 平均值为 8.33；其次是加斗乡和作疃乡，pH 平均值为 8.32；最低是南村镇，pH 平均值为 8.19。

（2）不同母质：风沙沉积物 pH 平均值最高为 8.36；其次是冲积物，平均值为 8.33；最低是黄土母质和坡积物，pH 平均值为 8.31。

（3）不同地形部位：山地缓坡地段最高，pH 平均值为 8.39；其次是山前冲积平原、低山丘陵坡地和河漫滩，平均值都为 8.32；最低是沟谷，pH 平均值为 8.25。

（4）不同土壤类型：潮土最高 pH 平均值为 8.32；其次是褐土，平均值为 8.28；最低是粗骨土，pH 平均值为 8.05。

二、耕层质地

土壤质地是土壤物理性质之一。指土壤中不同大小直径的矿物颗粒的组合状况。土壤质地与土壤通气、保肥、保水状况及耕作的难易有密切关系；土壤质地状况是拟定土壤利用、管理和改良措施的重要依据。肥沃的土壤不仅要求耕层的质地良好，还要求有良好的质地剖面。虽然土壤质地主要决定于成土母质类型，有相对的稳定性，但耕作层的质地仍可通过耕作、施肥等活动进行调节。土壤质地亦称土壤机械组成，指不同粒径在土壤中占有的比例组合。根据卡庆斯基质地分类，粒径大于 0.01 毫米为物理性沙粒，小于 0.01 毫米为物理性黏粒。根据其沙黏含量及其比例，主要可分为沙土、沙壤、轻壤、中壤、重壤、黏土 6 级。

广灵县由于地处黄土丘陵区，土壤侵蚀严重，土壤表层黏粒极易被风侵蚀，沙土和沙壤的比例占到 32.1%，成土母质黄土类物质占有相当大的比例，黄土母质被侵蚀后，红黄土母质、第三季红黏土和紫色页岩等出露地表，和黄土母质共同发育的土壤，轻壤和中壤比例较大，约占总耕地面积的 58.9%，部分耕地植被覆盖率低，地形处在风口之下，土壤风蚀特别严重，黏粒大部分被风刮走，耕层质地成为沙土，另一少部分土壤本身就是风沙母质形成的土壤，耕层质地也为沙土，表层为沙土的耕地近几年大部分已经退耕还林，耕地中沙土的比例为 6.9%，耕层土壤质地面积比例，见表 3-45。

从表 3-45 可知，广灵县轻壤面积最大，占 35.3%；其次为中壤和沙壤，二者分别占到全县总耕地面积的 23.6% 和 25.2%，重壤占 4.5%。壤土的物理性黏粒 10%～60%，沙黏适中，大小孔隙比例适当，通透性好，保水保肥，养分含量丰富，有机质分解快，供肥性好，耕作方便，通耕期早，耕作质量好，发小苗也发老苗，因此，一般壤质土，水、肥、气、热比较协调，从质地上看，广灵县土壤质地良好，是农业上较为理想的土壤。

表 3-45 广灵县土壤耕层质地概况

质地类型	耕种土壤（万亩）	占耕种土壤（%）
沙 土	3.42	6.9
沙 壤	12.46	25.2
轻 壤	17.43	35.3
中 壤	11.64	23.6
重 壤	2.22	4.5
黏 土	2.18	4.4
合 计	49.35	100.0

沙土占广灵县耕地地总面积的6.9%，其物理性沙粒高达90%以上，土质较沙，疏松易耕，粒间孔隙度大，通透性好，但保水保肥性能差，抗旱力弱，供肥性差，前劲强后劲弱，发小苗不发老苗，建议最好进行退耕还林还草，植树造林，种植牧草，固土固沙，改善生态环境，或者掺入第三纪红黏土，以黏改沙。

黏土占到4.4%，土壤物理性黏粒（粒径<0.01毫米）高达60%以上，土壤黏重致密，难耕作，易耕期短，保肥性强，养分含量高，但易板结，通透性能差，土体冷凉坷垃多，不养小苗，易发老苗。建议以沙改黏，掺入沙土，种植多年生绿肥，促进土壤团粒结构有的形成，改善土壤的通透性。

三、土体构型

土体构型是指各土壤发生层有规律的组合、有序的排列状况，也称为土壤剖面构型，是土壤剖面最重要特征。

良好土体构型有黏质垫层类型中的深位黏质垫层型、均质类型中的均壤型、夹层类型中的蒙金型，其特点是土层深厚，无障碍层。

较差土体构型有夹层类型中的夹沙型、沙体型和薄层类型中的薄层型等，其对土壤水、肥、气、热等各个肥力因素有制约和调节作用，特别是对土壤水、肥储藏与流失有较大影响。因此，良好的土体构型是土壤肥力的基础。

广灵县耕作的土体构型可概分三大类，即通体型、夹层型和薄层型。

1. 通体型　土体深厚，全剖面上下质地基本均匀，在本县占有相当大的比例。

（1）通体沙壤型（包括少部分通体沙土型）：分布在黄土丘陵风口、洪积扇、倾斜平原及一级阶地上，质地粗糙土壤黏结性差，有机物质分解快，总空隙少，通气不良，土温变化迅速，保供水肥能力较差，因而肥力低。

（2）通体轻壤型：发育于黄土质及黄土状母质和近代河流冲积物母质上，层次很不明显，保供水能力较好，土温变化不大，水、肥、气、热诸因素之的关系较为协调。

（3）通体中壤型：发育在红土母质，红黄土母质，河流沉积物母质上。除表层因耕作熟化质地变得较为松软外，通体颗粒排开致密紧实。尤其是犁底层坚实明显，耕作比较困难，土温变化小而性冷，保水保肥能力好但供水供肥能力较差，不利于捉苗和小苗生长，若适当进行掺沙改黏结合深耕打破犁底层，就会将不利性状变为有利因素。

（4）通体沙砾质型：发育在洪积扇、山地及丘陵上，全剖面以沙砾石为主，土体中缺乏胶体，土壤黏结性很差，漏水漏肥。有机质分解快，保供水肥能力差，严重影响耕作及作物的生长发育。

2. 夹层型　即土体中间夹有一层较为悬殊的质地，本县也有一定量的分布。

（1）浅位夹层型：即在土体内离地表50厘米以上、20～50厘米出现的夹层。

①浅位夹白干型。白干层是广灵县土壤较多存在的土壤层次，多分布在黄土状、河流沉积物母质上。活土层疏松多孔，有机质转化快，宜耕好种，利于小苗生长，但是心土层紧实黏重，土壤通透性差，限制作物根系下扎，影响作物生长发育，须结合深耕加厚活土层，尤其盐碱地上出现这种土体构型，给盐碱地改造带来很大不便。

②浅位夹沙砾石型。分布于洪积物母质上。表层土壤利于作物生长，但心土层不仅漏水漏肥，而且限制作物根系下扎，在今后的耕作管理种植上一定要注意。

（2）深位夹层型：夹层为50厘米以下出现的夹层。

①深位夹黏型和深位夹白干型。多出现在灌淤母质，河流冲积母质及黄土状母质上。这种土体构型，表层疏松多孔，有机质转化快，宜耕宜种，有利于作物生长发育，土层质地适中，有利于作物根系下扎，伸展及蓄水保肥；底土层黏重坚实，托水保肥，作物生长后期水肥供应充足，这就保证了作物在整个生育期对水、肥、气、热的需要，是广灵县理想的土壤，也称蒙金型。但是盐渍化土壤出现这种土体构型不利于盐渍化土壤的改良。

②深位夹砾石型。多分布在洪积扇的上部，土体内砾石较多，分选性差。此种土体构型的表层和心土层均利于作物生长发育，但底土层漏水漏肥比较严重，因而在灌水方面切忌超量灌溉，应该进行土地平整，做到均匀灌溉，控制每次的灌水数量，以防土壤养分随水分渗漏流失。

（3）薄层型：土体厚度一般为40厘米左右，发育于残积母质上的山地土壤，即广灵县的栗褐土区唯一出现薄层型土体构型。土体内含有不同程度的基岩半风化物—沙砾石，影响耕作及作物根系的下扎和生长发育，在本县耕地面积较小，多数已经退耕还林。

四、土壤结构

土壤结构是指土壤颗粒的排列形式，孔隙大小分配性及其稳定程度，它直接关系着土壤水、肥、气、热的协调，土壤微生物的活动，土壤耕性的好坏和作物根系的伸展，是影响土壤肥力的重要因素。

广灵县耕地土壤结构较差，主要表现为：

1. 耕作层（表土层）　较薄，结构表现为屑粒状、块状、团块状，团粒结构很少，只有在菜园土壤中才能出现，不利于土壤水肥气热的协调，影响作物的生长。主要原因是广灵县土壤有机质和腐殖质含量不高，土壤熟化程度较低，土壤腐质化程度低，难以形成团粒结构，更多呈现土壤母质的原来特性，尤其黄土丘陵的低产地块耕作层表现如此。

2. 犁底层　由于机械、水力、策略等作用影响，耕作层（表土层）下面大都有坚实的犁底层存在，且犁底层出现的比较浅，一般为15厘米左右，多为片状或鳞状结构，厚度为10～15厘米，在很大程度上妨碍通气透水和根系下扎，但是也减少了养分的流失。

3. 心土层　在犁底层之下，厚20～30厘米，多为块状、棱块状、片状、核状结构。

4. 底土层　指土质剖面中50厘米以下的土层。即一般所说的生土层，结构由土壤母质决定，多为块状、核状结构。

广灵县土壤结构的不良，主要表现为：

1. 耕作层坷垃较多　主要表现在耕层质地黏重的红土、红黄土和以苏打为主要盐分的盐碱地上，"湿时一团糟，干时像把刀"，极易形成坷垃。这类土壤因有机质含量低，土壤耕性差，宜耕期短，耕耙稍有不适时，即形成大小不等的坷垃，影响作物出苗和幼苗生长。

2. 耕作层容易板结　在雨后或灌水后容易发生，其主要原因为轻壤和中壤是土壤质地均一较细所致，重壤和黏土是土壤中黏粒较多之故，沙壤和沙土是因为土壤中有机质含量低，土壤团聚体不是以有机物为胶结剂，而是以无机物碳酸盐为胶结剂，近年大量使用无机化肥，有机肥用量减少，也是造成土壤板结的原因之一。土壤板结不仅使土壤紧密，影响幼苗出土和生长，而且还影响通气状况，加速水分蒸发。

3. 位置较浅而坚实的犁底层 由于长期人为耕作的影响，在活土层下面形成了厚而坚实的犁底层，阻碍土体内上下层间水、肥、气、热的交流和作物根系的下扎，使根系对水分养分等的吸收受到了限制，从而导致作物既不易耐旱而又容易倒伏，影响作物产量。

为了适应作物生长发育的要求并充分发挥土壤肥力的效应，要求土壤应具有比较适宜的结构状况，即土壤上虚下实，呈小团粒状态，松紧适当，耕性良好。因此，创造良好的土壤结构是夺取高产稳产的重要条件。

改良办法：一是改善生态条件，减少土壤的风蚀和水蚀，使土壤有一个相对稳定的成土过程；二是增加有机肥和有机物质的用量，加速土壤的腐质化过程，增加土壤的腐殖质含量，促进土壤结构的形成和改善；三是改变不合理的耕作方法，增加机械化耕作，增加耕层深度，打破犁底层，增加活土层的厚度，做到适时耕作，减少坷垃的形成。

第六节　耕地土壤属性综述与养分动态变化

一、土壤养分现状分析

1. 耕地土壤属性综述 广灵县4 100个样点测定结果表明，耕地土壤有机质平均含量为11.3克/千克，全氮平均含量为0.7克/千克，碱解氮平均含量为47.74毫克/千克，有效磷平均含量为8.41毫克/千克，缓效钾平均含量为724.92毫克/千克，速效钾平均含量为113.35毫克/千克，有效铜平均含量为0.93毫克/千克，有效锌平均含量为0.96毫克/千克，有效铁平均含量为6.21毫克/千克，有效锰平均值为8.43毫克/千克，有效硼平均含量为0.63毫克/千克，有效钼平均含量为0.07毫克/千克，pH平均值为8.26，有效硫平均含量为39.34毫克/千克。见表3-46。

2. 土壤养分分布状况及评价 玉米是广灵县主要高产作物，播种面积20万～25万亩，占耕地面积的50%左右，也是施肥量最大的农作物。针对广灵县玉米所需的主要养分，根据近3年来"3414"试验和校正试验结果，制定了有机质、全氮、有效磷、速效钾、有效锌等土壤养分分级评价标准，汇总、统计了这些养分的分布比例和面积，并进行养分评价。

（1）有机质：土壤有机质是土壤肥力的主要物质基础之一，它经过矿质化和腐质化两个过程，释放养分供作物吸收利用，有机质含量越高，土壤肥力越高，根据山西省土壤肥料工作站有机质分级指标进行分级，并汇总了有机质的分布现状。

有机质含量中等的占到75.31%，面积达37.17万亩，有机质含量低的占到22.84%，面积达11.27万亩。提升有机质含量，增加土壤肥力，是增加全县农业发展后劲的重中之重。重视有机肥的使用，增加有机肥的投入，实施秸秆直接还田和过腹还田，发展畜牧业是提高土壤有机质的重要途径。

广灵县耕地土壤属性总体统计结果见表 3－46，有机质面积及比例见表 3－47。

表 3－46 广灵县耕地土壤属性总体统计结果

项目名称	点位数（个）	最大值	最小值	平均值
有机质（克/千克）	4 100	39.5	3.2	11.13
全 氮（克/千克）	4 100	1.77	0.29	0.7
碱解氮（毫克/千克）	4 100	201.5	5.2	47.74
有效磷（毫克/千克）	4 100	98.4	0.8	8.41
缓效钾（毫克/千克）	4 100	1 749	106	742.92
速效钾（毫克/千克）	4 100	333	30	113.35
有效铜（毫克/千克）	1 190	6.96	0.31	0.93
有效锰（毫克/千克）	1 190	18.8	3.1	8.43
有效锌（毫克/千克）	1 190	7.29	0.1	0.96
有效铁（毫克/千克）	1 190	25.2	0.1	6.21
有效硼（毫克/千克）	1 190	1.71	0.07	0.63
有效钼（毫克/千克）	1 190	0.19	0.02	0.07
pH	4 100	8.9	7.5	8.26
有效硫（毫克/千克）	1 190	143.3	15.6	39.34

注：根据 2009—2011 年测土配方施肥项目数据统计。

表 3－47 广灵县有机质分级面积及比例

分 级	指 标	平均值（克/千克）	范 围（克/千克）	面 积（万亩）	比例（%）
高	≥15	20.2	15.34～26.27	0.91	1.85
中	10～15	11.7	10.0～14.96	37.17	75.31
低	＜10	8.1	3.2～9.7	11.27	22.84

（2）全氮：土壤中全氮的积累，主要来源于动植物残体、肥料、土壤中微生物固定、大气降水带入土壤中的氮，能被植物利用的是无机态氮，占全氮 5%，其余 95%是有机态氮，有机态氮矿化后才能被植物利用。全氮和有机质有一定的相关性。根据山西省土壤肥料工作站全氮分级指标进行分级，汇总了全氮的分布现状（表 3－48）。

表 3－48 广灵县全氮分级面积及比例

分 级	指 标	平均值（克/千克）	范围（克/千克）	面 积（万亩）	比 例（%）
高	≥1.0	1.18	1～1.46	0.53	1.08
中	0.5～1.0	0.71	0.52～0.99	48.82	98.92
低	＜0.5	0	0	0	0

广灵县耕地全氮含量都在中等水平。增加土壤氮素，很大程度上依赖于土壤有机质的

提升。

（3）有效磷：土壤有效磷是作物所需的三要素之一，磷对作物的新陈代谢、能量转换、调节酸碱度都起着很重要的作用，还可以促进作物对氮素的吸收。所以，土壤有效磷含量的高低，决定着作物的产量。根据广灵县土壤有效磷分级指标进行了分级汇总，见表3－49。

表3－49　广灵县土壤有效磷分级面积及比例

分　级	指　标	平均值（毫克/千克）	范　围（毫克/千克）	面　积（万亩）	比　例（%）
高	＞20	24.01	20.76～27.95	0.36	0.74
中	10～20	12.51	10.0～19.72	9.39	19.03
低	5～10	7.48	5.1～9.72	32.54	66.92
极　低	≤5.0	4.27	5.0～2.49	7.06	14.31

有效磷含量中等以下的占99.26%，面积达48.99万亩。其中7.06万亩，有效磷含量极低，占耕地面积的14.31%，因此，提升有效磷含量是当务之急。

（4）速效钾：土壤速效钾也是作物所需的三要素之一，它是许多酶的活化剂、能促进光合作用、能促进蛋白质的合成、能增强作物茎秆的坚韧性，增强作物的抗倒伏和抗病虫能力、能提高作物的抗旱和缺寒能力，总之，钾是提高作物产量和质量的关键元素。根据广灵县土壤速效钾分级指标对速效钾进行了分级汇总，见表3－50。相对来说，广灵县土壤钾素水平较高，除去速效钾含量低的地块、种植喜钾作物的地块外，多数耕地不需要大量施用钾肥。

表3－50　广灵县土壤速效钾分级面积及比例

分　级	指　标	平均值（毫克/千克）	范　围（毫克/千克）	面　积（万亩）	比　例（%）
高	＞150	24.01	20.76～27.95	0.36	0.74
中	100～150	12.51	10.0～19.72	9.39	19.03
低	50～100	7.48	5.1～9.72	32.54	66.92
极　低	≤50	4.27	5.0～2.49	7.06	14.31

（5）有效锌：有效锌是调节植物体内氧化还原过程的作用，锌能促进生长素（吲哚乙酸）的合成。所以，缺锌时芽和茎中的生长素明显减少，植物生长受阻，叶子变小；锌还能促进光合作用，因为扩散到叶绿体中的碳酸需要以锌作活化剂的碳酸酐酶促进其分解出二氧化碳来参与光合作用，缺锌时叶绿素含量下降，造成白叶或花叶。玉米缺锌易产生叶片失绿，果穗缺粒秃顶，造成玉米产量下降。

广灵县耕地有效锌含量绝大部分在中等和低的范围，占91.96%，面积达45.38万亩，有效锌含量0.5毫克/千克以下的耕地面积占8.04%。见表3－51。所以，在广灵县大部分耕地上使用锌肥，或使用加锌的复合肥和专用肥，是作物高产的有效途径之一。

表 3-51　广灵县土壤有效锌分级面积及比例

分　级	指　标	平均值（毫克/千克）	范　围（毫克/千克）	面　积（万亩）	比　例（%）
高	＞1.5	1.84	1.5～3.33	3.04	6.16
中	0.5～1.5	0.91	0.51～1.4	42.34	85.8
低	0.3～0.5	0.45	0.31～0.49	3.97	8.04
极　低	≤0.3	0	0	0	0

二、土壤养分变化趋势分析

随着农业生产的发展及施肥、耕作经营管理水平的变化，耕地土壤有机质及大量元素也随之变化。与 1980 年全国第二次土壤普查时的耕层养分测定结果相比，土壤有机质增加了 2.11 克/千克，全氮无变化，有效磷减少了 1.19 毫克/千克，速效钾增加了 58.27 毫克/千克。这反映了广灵近 31 年来的耕作施肥的变化规律：这是农用化肥快速增加的 31 年，也是农作物产量快速增加的 31 年，作物产量提高，根茬、秸秆大量增加，畜牧业发展迅速，秸秆过腹还田的数量增加，土壤有机物质投入增加，使得土壤有机质、速效钾增加；由于土地产出逐年增加，投入的磷量不能跟进，使得土壤有效磷减少。

总体来说，广灵县土壤养分水平较低，大部分土壤养分处在低和极低的水平之下，有机质中等及中等以下占的比例为 75.31%，极低比例为 22.84%；全氮中等及以下水平的比例为 98.92%，有效磷极低水平占到总耕地面积的 14.31%，速效钾低水平占到总耕地面积的 30.19%，氮素缺乏、磷素严重不足是广灵县农作物产量的主要限制因素。大量补充土壤的氮、磷元素，增施有机肥，增加磷化肥的使用量，是今后一个时期增加农作物产量，提高耕地产出的最有效途径。

第四章　耕地地力评价

第一节　耕地地力分级

一、面积统计

广灵县耕地面积 49.35 万亩，其中水浇地 20.5 万亩，占耕地面积的 41.54%；旱地 28.85 万亩，占耕地面积的 58.46%。按照地力等级的划分指标，对照分级标准，确定每个评价单元的地力等级，汇总结果见表 4-1。

表 4-1　广灵县耕地地力统计表

等级	生产性能综合指数	面积（亩）	所占比重（%）
1	0.79～0.91	54 170.4	10.98
2	0.75～0.79	67 833.24	13.74
3	0.68～0.75	74 705.53	15.14
4	0.63～0.67	99 843.48	20.23
5	0.58～0.63	151 877.09	30.77
6	0.48～0.58	45 089.24	9.14
合计		493 518.98	100

二、地域分布

广灵县耕地主要分布在中部壶流河两岸阶地的平川区，海拔高度为 950～1 100 米，包括作疃乡、南村镇、宜兴乡、壶泉镇、加斗乡、蕉山乡，还有斗泉乡一部分；北部黄土丘陵区的作疃乡北部、壶泉镇北部、蕉山乡北部及梁庄、斗泉一部分；西南部土石山区的西部望狐乡、南村镇的南部、宜兴乡的南部、加斗乡的东南部以及北部梁庄乡、斗泉乡一部分；边山峪口洪积扇区，加斗乡、南村镇、宜兴乡、作疃乡分部面积大，海拔多为 1 100～1 200 米。广灵县各乡（镇）地力等级分布面积见表 4-2。

表 4-2　广灵县各乡（镇）地力等级分布面积

乡（镇）	一级		二级		三级		四级		五级		六级		合计面积（亩）
	面　积（亩）	占比（%）	面　积（亩）	占比（%）	面　积（亩）	占比（%）	面　积（亩）	占比（%）	面　积（亩）	占比（%）	面　积（亩）	占比（%）	
壶泉镇	15 838.67	29.23	12 556.5	23.17	9 170.79	16.92	4 660.71	8.60	4 913.55	9.07	7 052.2	13.01	54 192.42
斗泉乡	0.00	0.00	0.00	0.00	192.27	0.43	10 998.53	24.39	24 221.27	53.72	9 673.2	21.46	45 085.27
南村镇	27.45	0.03	12 245.41	13.52	8 021.27	8.86	31 593.17	34.88	36 200.86	39.97	2 489.4	2.75	90 577.56
蕉山乡	895.01	1.74	11 292	21.97	19 882.81	38.69	3 809.84	7.41	2 308.24	4.49	13 198.44	25.68	51 386.34
加斗乡	34 823.11	65.61	3 822.65	7.20	7 201.12	13.57	1 639.49	3.09	4 315.31	8.13	1 270.33	2.39	53 072.01
宜兴乡	2 345.9	6.90	6 839.81	20.12	7 612.79	22.39	3 652.71	10.75	12 275.46	36.11	1 267.63	3.73	33 994.3
作疃乡	240.26	0.42	21 076.87	37.02	17 946.74	31.52	2 412.44	4.24	9 860.16	17.32	5 401.14	9.49	56 937.61
梁庄乡	0.00	0.00	0.00	0.00	153.68	0.21	31 657.65	43.85	37 441.71	51.86	2 944.75	4.08	72 197.79
望狐乡	0.00	0.00	0.00	0.00	4 524.06	12.54	9 418.94	26.11	20 340.53	56.38	1 792.15	4.97	36075.68
总　计	54 170.4	10.98	67 833.24	13.74	74 705.53	15.14	99 843.48	20.23	151 877.09	30.77	45 089.24	9.14	493 518.98

第二节　耕地地力等级分布

一、一 级 地

（一）面积和分布

本级耕地主要分布在本县平川区自然条件好，人口密集的城郊周边、重点蔬菜产地和重点粮食产区，以及河流两岸的一级、二级阶地等区域。如加斗乡（登场堡、东河乡、东加斗、东留疃、东姚疃、南加斗、西加斗、西留疃、西石门、西姚疃）、壶泉泉镇（稻地、东台、蕙花、集兴疃、南关、南汇、沙岭、尚疃、田窑、吴家地、西关、西河乡、榆林堡、翟疃、张庄）、宜兴乡（苍耳洼、西宜兴）、蕉山乡（八角地、东蕉山西堡、东崖头、杜家庄）。面积为 54 170.4 亩，占全县总耕地面积的 10.98 %。与 NY/T 309—1996 比对，相当于国家的三至四级地。

（二）主要土壤属性分析

本级耕地，土地平整，土层深厚，沙黏适中，灌排方便，土壤肥沃，园田化水平高，是全县高产稳产田，主要种植作物以玉米、蔬菜为主。主要土壤类型为石灰性褐土，成土母质以黄土状母质、灌淤母质和河流冲积物为主，地面坡度为 1°～3°，耕层质地为多为壤质土，土体构型为通体壤质无不良层次，有效土层厚度为 120～230 厘米，平均为 210 厘米，耕层厚度为 20～30 厘米，平均为 25 厘米，pH 的变化范围为 7.97～8.44，平均值为 8.31，无明显侵蚀，保水，地下水埋藏不深且水质良好，灌溉保证率为充分满足，田园化水平高。

本级耕地土壤有机质平均含量 12.56 克/千克，属山西省四级水平，比全县平均含量高 1.35 克/千克；有效磷平均含量为 12.36 毫克/千克，属山西省四级水平，比全县平均含量高 3.98 毫克/千克，速效钾平均含量为 129.08 毫克/千克，比全县平均含量高 15.97 毫克/千克，属山西省四级水平；全氮平均含量为 0.76 克/千克，属山西省四级水平，比全县平均含量低 0.06 克/千克，中量元素有效硫比全县平均含量高，微量元素铁、铜、锌较全县平均水平高。详见表 4－3。

表 4－3　广灵县一级地土壤养分统计表

项　目	平　均	最　大	最　小	标准差
有机质（克/千克）	12.56	16.99	9.104 1	1.23
全　氮（克/千克）	0.76	0.927	0.584	0.07
有效磷（毫克/千克）	12.36	29.85	4.37	4.10
速效钾（毫克/千克）	129.08	183.67	93.47	15.21
pH	8.31	8.44	7.97	0.07
缓效钾（毫克/千克）	685.33	940.86	577.77	50.67
有效硫（毫克/千克）	27.74	66.73	19.79	6.39

（续）

项　目	平　均	最　大	最　小	标准差
有效锰（毫克/千克）	9.80	13.00	7.01	1.16
有效铁（毫克/千克）	7.81	10.79	5.34	1.11
有效硼（毫克/千克）	0.71	1.00	0.45	0.09
有效铜（毫克/千克）	1.07	3.04	0.61	0.25

该级耕地农作物生产力较高，从农户调查表来看，主要种植玉米、蔬菜，玉米平均亩产750千克以上，蔬菜平均每亩收益2 500～3 000元，效益显著，是广灵县重要的玉米、蔬菜生产基地。

（三）主要存在问题

盲目施肥现象严重，尽管土壤肥力较高，但肥料利用率较低，土壤的生产潜力没有充分发挥出来。土壤肥力的提高主要依赖于化肥的施用，长期施用造成土壤板结。有机肥施用不足影响了土壤团粒结构的形成，从而不利于土壤肥力的保持。施用肥料结构不合理，重氮轻磷，不能满足高产作物的需求。

（四）合理利用

除了施用氮肥外，适当增施有机肥、磷肥与钾肥。在作物品种上，攻高产玉米，大力发展设施农业，加快蔬菜生产发展。突出区域特色经济作物产业的开发。复种作物重点发展玉米、大豆间套。大力发展地膜覆盖以解决土壤干旱、气候寒冷等问题，优化测土配方施肥技术使化肥施用氮磷钾比例达到1∶0.6∶0.4。在保护土地方面，要用养结合。

二、二 级 地

（一）面积与分布

本级耕地主要分布在本县平川区的壶泉镇（稻地、翟疃、吴家地、集兴疃、沙岭）、作疃乡（作疃南庄、作疃东堡、将官庄、百疃南庄、百疃西堡等），蕉山乡（东崖头、东蕉山、南蕉山、龙虎岩、洗马庄等）、南村镇（南村、北土岭、莎泉），加斗乡（东姚疃、西姚疃、西留疃、西石门）面积约为67 833.24亩，占全县总耕地面积的13.73%。根据NY/T 309—1996比对，相当于国家四至五级地。

（二）主要属性分析

本级耕地土地平整，土层深厚，沙黏适中，灌排方便，土壤肥沃，园田化水平高，是全县高产稳产田。主要种植作物以玉米、蔬菜为主。主要土壤类型为灌淤栗褐土、黄土状栗褐土、冲积潮土。成土母质为黄土状母质、灌淤母质和河流冲积物，地面坡度为1°～3°，耕层质地为多为壤质土，土体构型为通体壤质无不良层次，有效土层厚度为170～190厘米，平均为180厘米，耕层厚度为20～30厘米，平均为25厘米，pH的变化范围为7.89～8.35，平均值为8.10，无明显侵蚀，保水，地下水位浅且水质良好，灌溉保证率为充分满足，地面平坦。

本级耕地土壤有机质平均值为11.94克/千克，属山西省四级水平；有效磷平均含量为9.21毫克/千克，属山西省五级水平；速效钾平均含量为121.34毫克/千克，属山西省五级水平；全氮平均含量为0.73克/千克，属山西省四级水平。见表4-4。

表4-4 广灵县二级地土壤养分统计表

项　目	平　均	最　大	最　小	标准差
有机质（克/千克）	11.94	15.34	8.51	1.08
有效磷（毫克/千克）	9.21	27.00	2.91	3.23
速效钾（毫克/千克）	121.34	321.21	77.14	15.74
pH	8.31	8.44	8.05	0.05
缓效钾（毫克/千克）	726.30	940.86	566.66	67.08
全　氮（克/千克）	0.73	0.91	0.52	0.06
有效硫（毫克/千克）	34.88	73.39	19.21	12.35
有效锰（毫克/千克）	9.68	14.33	5.68	1.40
有效铁（毫克/千克）	7.05	11.05	4.50	1.12
有效铜（毫克/千克）	0.67	1.01	0.40	0.09
有效锌（毫克/千克）	0.98	2.10	0.61	0.20
有效硼（毫克/千克）	1.02	2.11	0.58	0.24

本级耕地所在区域，为深井灌溉区，是广灵县的粮、菜主产区，粮、菜地的经济效益较高，粮食生产水平较高，处于全县上游水平，玉米近3年平均亩产750～700千克。

（三）主要存在问题

肥料利用率较低，长期大量化肥的投入显著影响着良好土壤结构的形成，有机肥施用不足影响了土壤团粒结构的形成，从而影响着土壤的保水性、保肥性与通气性。施用肥料结构不合理，重氮轻磷，不能满足高产作物的需求。

（四）合理利用

一是合理布局，实行轮作倒茬，尽可能做到须根与直根、深根与浅根、豆科与禾本科、高秆与矮秆作物轮作，使养分调剂，余缺互补；二是玉米秸秆还田、增施有机肥，提高土壤有机质含量；三是推广测土配方施肥技术和地膜覆盖技术，提高肥料利用率和农产品品质，建设高标准农田；四是大力发展节水灌溉技术，提高土壤水分利用率；五是大力发展地膜覆盖技术，不断提高作物产量。

三、三 级 地

（一）面积与分布

本级耕地主要分布在除斗泉乡、梁庄乡外的平川区，面积约为74 705.53亩，占全县总耕地面积的15.13%。与NY/T 309—1996比对，相当于国家五至六级地。

（二）主要属性分析

本级耕地主要土壤类型有褐土，成土母质为河流冲积物、黄土状母质，耕层质地为壤质，土层深厚，有效土层厚度为100～150厘米，平均为100厘米，耕层厚度为20～25厘米，平均为20厘米。

土体构型为Ap-B-CB型，90%的土地有灌溉条件，靠近壶流河两岸有轻度盐碱危害，地面基本平坦，地面坡度2°～5°，园田化水平一般。本级的pH变化范围为7.73～8.59，平均值为8.15。

本级耕地土壤有机质最大27.9克/千克，最小7.61克/千克，平均含量12.03克/千克，属山西省四级水平；有效磷最大24.06克/千克，最小3.33克/千克，平均含量为8.86毫克/千克，属山西省五级水平；速效钾最大250.00克/千克，最小60.80克/千克，平均含量为119.81毫克/千克，属山西省五级水平；全氮平均含量为0.71克/千克，属山西省五级水平。见表4-5。

本级耕地土壤较肥沃，在广灵县属于中上等水平，种植作物以玉米、蔬菜为主，玉米平均亩产600～700千克。

表4-5　广灵县三级地土壤养分统计表

项　目	平　均	最　大	最　小	标准差
有机质（克/千克）	12.03	27.96	7.61	2.30
有效磷（毫克/千克）	8.86	24.06	3.33	3.00
速效钾（毫克/千克）	119.81	250.00	60.80	25.68
pH	8.30	8.50	7.89	0.08
缓效钾（毫克/千克）	743.01	1 503.20	533.31	140.52
全氮（克/千克）	0.71	1.46	0.52	0.12
有效硫（毫克/千克）	35.19	116.40	18.63	15.92
有效锰（毫克/千克）	9.10	13.00	5.68	1.26
有效硼（毫克/千克）	0.66	1.15	0.38	0.10
有效铁（毫克/千克）	6.88	10.53	4.00	1.16
有效铜（毫克/千克）	0.95	2.48	0.61	0.23
有效锌（毫克/千克）	0.97	3.16	0.49	0.34

（三）主要存在问题

本级耕地农业生产水平属中上等，但由于灌溉不能保证。因此，水分条件成为影响作物产量提高的限制因子，有机肥施用不足导致土壤结构的恶化，部分区域的土壤盐碱化使得土壤质量呈下降趋势。长期产量的提高依赖于化学肥料的投入使得土壤板结。

（四）合理利用

采取积极措施，实行节水灌溉，提高水分利用率和保浇程度；采用先进的栽培、测土配方施肥、地膜覆盖等技术，选用优良品种，科学管理，平衡施肥，培肥地力，充分挖掘土壤的生产潜能。水地种植玉米、蔬菜，旱地应采用穴灌、地膜覆盖等管理措施。

四、四 级 地

（一）面积与分布

主要分布在广灵县的各个乡（镇），地形部位多数为丘陵区，少部分为平川和洪积扇下部，面积约为 99 843.48 亩，占耕地面积的 20.23%。与 NY/T 309—1996 比对，相当于国家六至八级地。

（二）主要属性分析

该土地分布范围较广，土壤类型有黄土状石灰性褐土、洪积褐土性土、沟淤褐土性土，成土母质有黄土状、冲积物、洪积物、灌淤母质，耕层土壤质地差异较大，为壤土、中壤、重壤、沙土，有效土层厚度为 80～130 厘米，平均为 100 厘米，耕层厚度平均为 20～25 厘米平均为 21 厘米。土体构型为通体壤或沙、或夹沙砾。特点是土地平整，土层深厚，但部分耕地有沙砾层出现，40%～60%的耕地有灌溉条件但不保浇，无灌溉条件的土壤也较肥沃，本级土壤 pH 为 7.81～8.44，平均为 8.24。

本级耕地土壤有机质平均含量 12.07 克/千克，属山西省四级水平；有效磷平均含量为 7.53 毫克/千克，属山西省五级水平；速效钾平均含量为 125.37 毫克/千克，属山西省四级水平；全氮平均含量为 0.76 克/千克，属山西省四级水平；有效硼平均含量为 0.62 毫克/千克，属山西省四级水平；有效铁为 5.33 毫克/千克，属山西省四级水平；有效锌为 0.64 毫克/千克，属山西省四级水平；有效锰平均含量为 8.16 毫克/千克，属山西省四级水平；有效硫平均含量为 5.025 毫克/千克，属山西省三级水平。见表 4-6。

表 4-6　广灵县四级地土壤养分统计表

项　目	平　均	最　大	最　小	标准差	变异系数
有机质（克/千克）	12.07	27.12	7.61	3.55	0.29
有效磷（毫克/千克）	7.53	20.76	2.91	2.60	0.35
速效钾（毫克/千克）	125.37	293.12	54.27	47.81	0.38
pH	8.24	8.44	7.81	0.12	0.01
缓效钾（毫克/千克）	861.36	1 456.71	566.66	176.94	0.21
全　氮（克/千克）	0.76	1.40	0.52	0.18	0.23
有效硫（毫克/千克）	50.25	127.27	18.63	12.69	0.25
有效锰（毫克/千克）	8.16	12.34	4.08	1.10	0.14
有效硼（毫克/千克）	0.62	1.19	0.40	0.08	0.12
有效铁（毫克/千克）	6.09	11.05	2.08	1.46	0.24
有效铜（毫克/千克）	0.89	2.00	0.54	0.16	0.18
有效锌（毫克/千克）	0.92	3.46	0.31	0.34	0.37

主要种植作物以玉米、谷子和黍为主。玉米平均亩产量为 450～550 千克，均处于广灵县的中等水平。

（三）主要存在问题

部分区域土壤灌溉不能保证，水分条件成为影响作物产量提高的限制因子。大量施用化学肥料与有机肥施用不足导致土壤结构的恶化，从而影响了土壤的质地，保水性与保肥性能。

（四）合理利用

在不同区域中产田上，推广测土配方施肥技术，进一步提高肥料利用率和耕地的增产潜力。采用地膜覆盖解决农业生产旱、寒问题，大力提高作物单产。增施有机肥、绿肥，培肥地力，进一步提高耕地的生产潜力，实现农业生产的可持续发展。通过增施有机肥、绿肥达到培肥地力的目的。发展水利，加强水利设施建设，实行节水灌溉，提高水分利用率和保浇程度。山丘区沟川地积极发展小泉小水灌溉或引洪淤灌。

五、五 级 地

（一）面积与分布

主要分布在广灵县大部分乡（镇）的黄土丘陵区，洪积扇中、下部及土石山区，面积约为151 877.09亩，占总耕地面积的30.77%。与NY/T 309—1996比对，相当于国家的九至十级地。

（二）主要属性分析

该级耕地土壤为黄土质褐土性土、黄土质栗褐土。成土母质为黄土质、沟淤、洪积母质，耕层质地为中壤土，有效土层厚度为50～800厘米，平均为65厘米，耕层厚度为15～20厘米，平均为18厘米，土体构型为Ap-B-C型。特点是土层深厚，质地适中，但土地不平整，水土流失严重，土地干旱，土壤肥力较低。pH为7.89～8.44，平均为8.27。

本级耕地土壤有机质平均含量10.86克/千克，属山西省四级水平；有效磷平均含量为6.98毫克/千克，属山西省四级水平；速效钾平均含量为107.35毫克/千克，属山西省四级水平；全氮平均含量为0.72克/千克，属山西省四级水平；有效硫平均含量47.83毫克/千克，属山西省四级水平；有效锰平均含量为7.8毫克/千克，属山西省四级水平；有效铁平均含量为5.96毫克/千克，属山西省四级水平；有效锌平均含量为0.89毫克/千克，属山西省四级水平。详见表4-7。

表4-7　广灵县五级地土壤养分统计表

项　目	平均	最大	最小	标准差
有机质（克/千克）	10.86	18.64	6.72	1.64
有效磷（毫克/千克）	6.98	20.76	2.28	2.16
速效钾（毫克/千克）	107.35	201.00	44.40	28.34
pH	8.27	8.44	7.89	0.09
缓效钾（毫克/千克）	806.09	1 224.25	488.85	129.04
全　氮（克/千克）	0.72	1.09	0.50	0.10
有效硫（毫克/千克）	47.83	108.25	18.05	12.84
有效锰（毫克/千克）	7.80	11.67	4.00	1.14
有效硼（毫克/千克）	0.61	1.00	0.38	0.08
有效铁（毫克/千克）	5.96	11.05	3.17	1.17
有效铜（毫克/千克）	0.83	1.90	0.58	0.11
有效锌（毫克/千克）	0.89	2.40	0.34	0.30

种植作物：沟川地、洪积扇以玉米、马铃薯为主，平均亩产玉米300千克左右；丘陵

区以杂粮、向日葵、马铃薯为主，平均亩产 150 千克。

（三）主要存在问题

该级耕地自然条件较差，所处地理位置多为丘陵、侵蚀严重；土地不平整，水土流失严重，土地干旱，土壤肥力低下，农民投入少，产出少，耕作粗放。

（四）合理利用

主要措施是丘陵区 15°以下的坡耕地实行坡改梯工程，整修梯田，增施有机肥，或种植苜蓿、豆类等绿肥，培肥地力，变跑水、跑肥、跑土的“三跑田”为保水、保肥、保土的“三保田”，提高梯田化水平。其他坡耕地平整土地，少耕免耕，增施有机肥，种植绿肥，粮草轮作，培肥地力；选用抗旱耐寒品种，利用抗旱保墒剂，开展测土配方施肥技术。

六、六 级 地

（一）面积与分布

主要分布在望狐乡、梁庄乡、斗泉乡以及南村镇南部、作疃乡北部、蕉山乡北部和壶泉镇北部的黄土丘陵区、土石山区和洪积扇中上部，面积 45 089.24 亩，占全县总耕地面积的 9.14%。与 NY/T 309—1996 比对，相当于国家十级地。

（二）主要属性分析

该区全部为旱地，地形为坡地或缓坡地，无灌溉条件，土壤类型有栗褐土、褐土性土等亚类；成土母质为黄土质、洪积、砂页岩残坡积物；黄土质土壤土层深厚、质地适中，但多为坡地，水土流失特别严重，土壤肥力低下。洪积土壤偏沙，有沙砾，土壤漏水漏肥。土体构型大部分为 Ap - B - C 型，pH 为 7.97～8.44，平均值为 8.09。耕层厚度为 20～50 厘米，平均为 30 厘米，地面坡度 5°～25°，土层 30 厘米以下有障碍层，50 厘米土体有夹沙、夹砾。

本级耕地土壤有机质平均含量 10.84 克/千克，属山西省四级水平；有效磷平均含量为 7.78 毫克/千克，属山西省四级水平；速效钾平均含量为 110.30 毫克/千克，属山西省四级水平；全氮平均含量为 0.68 克/千克，属山西省四级水平。见表 4 - 8。

表 4 - 8　广灵县六级地土壤养分统计表

项　目	平　均	最　大	最　小	标准差
有机质（克/千克）	10.84	21.00	7.31	1.92
有效磷（毫克/千克）	7.78	28.90	2.70	3.51
速效钾（毫克/千克）	110.30	170.60	64.07	19.37
pH	8.31	8.44	7.97	0.09
缓效钾（毫克/千克）	750.75	1 224.25	522.20	111.38
全氮（克/千克）	0.68	0.98	0.53	0.07
有效硫（毫克/千克）	35.72	76.71	19.21	13.83
有效锰（毫克/千克）	8.43	11.67	5.68	1.10

（续）

项　目	平　均	最　大	最　小	标准差
有效硼（毫克/千克）	0.66	1.12	0.40	0.10
有效铁（毫克/千克）	6.00	9.67	3.51	1.06
有效铜（毫克/千克）	0.88	1.71	0.61	0.14
有效锌（毫克/千克）	0.88	2.70	0.34	0.28

种植作物以谷子、黍、马铃薯、向日葵、荞麦为主，平均亩产折玉米200千克以下。

（三）存在问题

该级耕地自然条件较差，耕地均为旱地，且位于地形为坡地或缓坡地带，无灌溉条件，主要靠天吃饭。土壤贫瘠，土壤退化严重，农民种地积极性不搞，通常为广种薄收，化肥与有机肥投入少，从而影响了产量的提高。

（四）合理利用

由于受地理环境影响，土壤改良困难，应以发展林牧业和养殖业为主，实行粮草轮作、粮草间作，促进生态平衡，发展中药材种植，增加农民收入。在改良措施上，以搞好农田基本建设，提高土壤保土、保墒能力为主。主要是种植绿肥或粮草轮作，培肥地力；其次是选用抗旱优良品种，利用抗旱保墒剂，开展测土配方施肥技术。

第五章　中低产田类型分布及改良利用

第一节　中低产田类型及分布

中低产田是指在土壤中存在一种或多种制约农业生产的障碍因素，导致产量相对低而不稳定的耕地。

通过对广灵县耕地地力状况的调查，根据土壤主导障碍因素的改良主攻方向，依据农业行业标准 NY/T 310—1996，广灵县中低产田包括如下 3 个类型：瘠薄培肥型、坡地梯改型、障碍层次型。全县总耕地面积 49.35 万亩，中低产田面积为 38.97 万亩，占总耕地面积的 78.97%。各类型面积情况统计见表 5-1。

表 5-1　广灵县中低产田各类型面积情况统计表

类　型	面积（万亩）	占总耕地面积（%）	占中低产田面积（%）
总耕地	49.35	100	—
高产田	10.38	21.03	—
中低产田	38.97	78.97	100
瘠薄培肥型	13.01	26.37	33.39
干旱灌溉型	12.68	25.70	32.55
坡地梯改型	13.28	26.90	34.06

一、瘠薄培肥型

瘠薄培肥型是指受气候、地形条件等难以改变的大环境限制，造成干旱、缺水、结构不良、土壤养分含量低、抵御自然灾害能力较弱。土壤中度侵蚀，多数为旱耕地，高水平梯田和缓坡梯田居多；土壤类型为褐土、栗褐土，母质为残积物、坡积物、黄土母质等；各种地形、质地均有，有效土层厚度>80 厘米，耕层厚度 10～15 厘米，地力等级为八至九级。产量远远低于当地耕地的平均水平。存在的主要问题是地面不平，水土流失严重，干旱缺水，土质粗劣，肥力较差。

广灵县瘠薄培肥型中低产田面积为 13.01 万亩，占总耕地面积的 26.37%，占中低产田面积的 33.39%。广泛分布在全县各个乡（镇），万亩以上的乡（镇）有南村镇、梁庄乡、作疃乡、斗泉乡、蕉山乡。

瘠薄培肥型主要分布在平川旱地、丘陵沟谷旱地、沟坝地、沟坪地、水平梯田、斜坡梯田等，特点是土层深厚或比较深厚，沙黏适中或比较适中，水土流失较重。主要土壤类型为黄土质褐土性土、黄土状褐土性土和栗褐土等。

二、坡地梯改型

该土壤类型地区地面坡度大于10°，以中度侵蚀为主，园田化水平较低。土壤类型为褐土、栗褐土，母质为残积物、坡积物，耕层质地为轻壤、中壤、沙壤，有效土层厚度大于100厘米左右，耕层厚度15～20厘米，地力等级多为六至九级。地表起伏不平，坡度较大，水土流失严重，必须通过修筑梯田、梯埂等田间水保工程加以改良治理的坡耕地。

广灵县坡地梯改型中低产田面积为13.28万亩，占耕地总面积的26.90%，占中低产田面积的36.06%。坡地梯改型是全县中低产田的主要类型，面较大、分布广。万亩以上的乡（镇）有望狐乡、南村镇、梁庄乡、斗泉乡、宜兴乡、蕉山。

坡地梯改型耕地主要分布在黄土丘陵区坡耕地上，特点是土层深厚，质地适中，垂直节理发育。地面坡度较大，水土流失严重。主要土壤类型为为黄土质褐土性土、黄土状褐土性土和栗褐土等。

三、干旱灌溉型

分布在河流二级阶地以上到丘陵底部，主要分布在南村镇、作疃乡、蕉山乡等乡（镇），为灌溉改良型中低产田。土壤耕性良好，宜耕期长，保水保肥性能较好，土壤类型为潮土、褐土，母质为冲积物、洪积物、黄土母质，土壤质地偏轻，大部分为轻壤土。地面坡度0°～9°，园田化水平较高，有效土层厚度大于100厘米。耕层厚度23厘米，地力等级为三至四级。

存在的主要问题是地下水源缺乏，干旱缺水，水利条件差，灌溉保证率低或无灌溉条件。由于气候条件造成的降雨不足或季节性出现不均，又缺少必要的调蓄手段，以及地形、土壤性状等方面的原因，不能满足作物正常生长所需的水分需求，但又具备水源开发条件，可以通过发展灌溉加以改良的耕地。

第二节　生产性能及存在问题

一、瘠薄培肥型

瘠薄培肥型中低产田的主导障碍因素为土壤瘠薄，土壤养分特别是有效养分含量低，有机质平均为10.83克/千克，全氮为0.70克/千克，有效磷为7.47毫克/千克，有效钾为98.83毫克/千克，都低于全县的平均水平。

存在的主要问题是：养分缺乏，特别是有效养分缺乏，干旱缺水、土壤肥力较差，水土流失严重，蓄水保肥能力较差。瘠薄培肥型土壤主要分布在低山丘陵区，经济落后，交通不便，人少地多，耕作粗放，特别是离村较远的地块，投入少、产出也少，靠天吃饭，有机肥、化肥用量少或不施肥，甚至撂荒经营，“不种千亩地，难打万斤粮”是对瘠薄培肥型中低产田的形象描写。

二、坡地梯改型

坡地梯改型中低产田地处海拔为1 100～1 400米的丘陵、低山、边山峪口地带，该类型区地面坡度大于10°，以中度侵蚀为主，风蚀水蚀共同作用，使耕地遭到极大破坏，光山秃岭、沟壑纵横、地面支离破碎，面蚀、沟蚀、崩塌随处可见，大量肥沃表土随地表径流流失。地力等级为六至九级，耕层质地为沙质壤土。

土壤有机质含量11.75克/千克，全氮0.76克/千克，有效磷7.00毫克/千克，速效钾122.56毫克/千克。这类坡耕地是水土流失的易发地，坡耕地不仅单产低，而且随着土壤中氮、磷、钾等有机质的不断流失，其地力会持续下降。

坡地梯改型的主导障碍因素为地表不平引起的土壤侵蚀以及与其相关的地形、地面坡度、土体厚度、土体构型与物质组成、耕作熟化层厚度等。

坡地梯改型耕地的主导障碍因素是土壤侵蚀严重，质地粗糙，干旱瘠薄，植被稀疏，土壤成土过程不稳定等，严重影响耕地肥力的提高，只能维持低水平农业生产。

三、干旱灌溉型

干旱灌溉型中低产田，土壤耕性良好，宜耕期长，保水保肥性能较好。土壤类型为褐土性土、石灰性褐土、潮褐土和部分潮土，土壤母质为洪积物、冲积物、沟淤物、黄土及黄土状母质，地面坡度0°～5°，园田化水平较高，有效土层厚度120厘米。耕层厚度15～22厘米，地力等级为二至四级。存在的主要问题是地下水源开发不足，施肥水平为中低水平，灌溉保证率小于20%。干旱是影响农业生产的主要问题，而且有发展和改善灌溉的基本条件。干旱灌溉型耕层土壤有机质含量11.75克/千克，全氮0.76克/千克，有效磷7.00毫克/千克，速效钾122.56毫克/千克。

广灵县中低田各类土壤养分含量平均值见表5-2。

表5-2　广灵县中低产田各类型土壤养分含量平均值统计表

类　型	有机质（克/千克）	全氮（克/千克）	有效磷（毫克/千克）	速效钾（毫克/千克）
干旱灌溉型	11.48	0.72	9.83	118.86
瘠薄培肥型	10.83	0.70	7.47	98.57
坡地梯改型	11.75	0.76	7.00	122.56

第三节　中低产田改良利用措施

广灵县中低产田面积为38.97万亩，占现有耕地面积的78.97%，严重影响全县农业生产的发展和农业经济效益的提高。中低产田具有一定的增产潜力，只要扎扎实实地采取有效措施加以改良，便可获得较大的增产效益，也是广灵县农业生产再上新台阶的关键措施。中低产田的改良是一项长期而艰巨的工作，必须进行科学规划、合理安排，针对各类中低产田的主要限制因素，通过工程措施、农艺措施、生物措施、化学改良措施的有机结合，消除或减轻限制因素对土壤肥力的影响，提高耕地基础地力和耕地的生产能力。

中低产田改良利用的指导思想是：以提高耕地土壤肥力和土壤的综合生产能力为中心，以改善土壤的立地条件和农田基础设施为基础，通过改土、蓄水、保肥、节水等技术，改善土壤环境和土壤理化性状，本着因地制宜，实事求是，稳步推进的原则，逐步改造中低产田，建设高标准农田，实现经济与生态、社会效益的良性互动，促进广灵县农业生产健康快速的发展。具体措施如下。

1. 以改善土壤立地条件为目的的大规模农田基本建设　以土地整理、占补平衡、高标准农田建设、中低产田改造等各类项目为基础，进行大规模农田基本建设。土地平整、里切外垫、修筑梯田、整修地埂、修筑和修复田间道路等，增加地块的平整度，减少地表径流的形成和土壤侵蚀，涵养自然降水，提高天然降水的利用效率，改善田间交通状况，加速农业机械化。

2. 发展以增加灌溉面积为目的的农田水利工程　“水利是农业的命脉”“收多收少在于肥，收与不收在于水”，有条件的地方，尽一切可能发展水浇地，充分利用地下水、地表水，发展河水灌溉、洪水灌溉、井水灌溉、自流灌溉，增加灌溉面积和土壤的水分供应。发展节水灌溉，节约用水，提倡管灌、小畦灌溉、滴管、渗灌、喷灌等，减少大水漫灌。

3. 增施有机肥　力争使有机肥的施用量达到每年2 000～3 000千克/亩，要广辟肥源，堆沤肥、牲畜粪肥、土杂肥一齐上，同时，有条件的地方，特别是玉米种植区应大力推广秸秆粉碎还田，还可采用“过腹还田”，形成作物秸秆-畜牧业-有机肥的良性循环，使土壤有机质得到提高，土壤理化性状得到改善。

4. 科学施肥　依据当地土壤实际情况和作物需肥规律选用合理配比，有效控制化肥不合理施用对土壤性状的影响，达到提高农产品品质的目的。

（1）科学配比，稳氮增磷：在现有氮肥使用量的基础上，一定注意施肥方法、施肥量和施肥时期，遵循少量多次的原则，适当控制基肥的使用量，增加追肥使用量，改变过去撒施的习惯，向沟施、穴施、集中施转变。有利于提高氮肥利用率，减少损失。本区属石灰性土壤，土壤中的磷常被固定，而不能发挥肥效。部分群众至今对磷肥认识不足，重氮轻磷，作物吸收的磷得不到及时补充，应适当增加磷肥用量。力争氮磷使用比例达到1∶(0.5～0.6)。

（2）因地制宜，施用钾肥：定期监测土壤中钾的动态变化，及时补充钾素。本区土壤中钾的含量总体上能满足作物的生长，但在局部地域土壤速效钾已不能满足作物生长，近几年，在马铃薯、蔬菜施钾试验，均表现增产。在使用方法上，应以沟施、穴施为主。

（3）平衡养分，巧施微肥：全县土壤锌含量低于全省平均水平。通过盐碱地玉米等作物基施、拌种、叶面喷施等方法进行施锌试验，增产效果均很明显。作物对微量元素肥料需要量虽然很少，但能提高产品产量和品质，有着其他大量元素不可替代的作用。因此，应注重微肥的使用。

5. 深耕较厚耕作层 耕作层是土壤保存水分和养分的主要空间，加厚耕作层也就是增加了土壤储存水分和养分的空间。坚决改变近些年出现的耕地只进行旋耕不深耕的耕作习惯，每3～5年土壤必须深耕一次，以保证土壤耕作层的稳定，打破土壤犁底层。

针对不同的中低产田类型，在改良利用中应具有针对性，采取相应的改造技术措施。根据土壤主导障碍因素及主攻方向，广灵县中低产田改造技术可分为以下几项，现分述如下。

一、瘠薄培肥型

广灵县瘠薄型耕地多为旱耕地、缓坡地和高水平梯田，这类耕地有机质含量少，耕层薄，水资源贫乏，改良原则以培肥为主、种养结合。

1. 广辟肥源，增加有机肥和化肥的投入 “土壤有机质衰竭将导致土壤结构破坏，进而导致降雨时水分的入渗和储量减少，进一步使植被的破坏，风蚀、水蚀加剧，生态环境恶化，最终导致产量下降”。广灵县瘠薄培肥型耕地就是因此而形成，所以其改良就必须从提高土壤有机质入手。首先，广泛开辟肥源，堆沤肥、秸秆肥、牲畜粪肥、土杂肥等一齐上，增加有机物质的投入。有机质的提高有利于改善土壤结构，增加土壤阳离子代换能力和土壤保蓄水肥的能力；其次，实行粮草轮作、粮（绿）肥轮作，实施绿肥压青、种养结合；最后，增加化肥投入，合理使用化肥，增加作物产量。

2. 建设基本农田，实行集约经营 对于人少地多的边远山地丘陵区，耕作粗放，广种薄收，土壤极度贫瘠的乡村，在退耕还林还牧和粮草轮作的基础上，选择土地相对平整、土层较厚、质地适中、土体构型良好的耕地作为基本农田，集中人力、物力、财力，集中较多的有机肥、化肥，进行重点培肥、集约经营，用3～5年的时间，使其成为中产田，成为农民的口粮田、饲料田，其他瘠薄型耕地可作为牧草地，逐渐走农牧业相结合的道路，畜牧业的发展，又为基本农田提供更多的有机肥源，促进其肥力的提高。

3. 推广保护性耕作技术 大力推广少耕、免耕技术，在平川区推广地膜覆盖、生物覆盖等技术；山地、丘陵推广丰产沟、丰产梁覆盖等旱作节水技术，充分利用天然降水，满足作物需求，提高作物产量。

4. 调整种植结构与特色农产品基地建设 兼顾生态效益和经济效益，大力发展具有地域特色的农产品，扩大耐瘠薄干旱作物的种植面积，如豆类、谷黍等小杂粮，加快小杂粮基地建设，推动全县杂粮产业的发展。

二、坡地梯改型

坡地梯改型耕地的改造技术应从土地的合理利用入手，以恢复植被，适应自然，建立一个合乎自然规律而又比较稳定的生态系统，工程措施与生物措施相结合，治标与治本相结合，做到沟坡兼治，实现经济效益与生态效益的相互统一。该类型土壤的改良主要采取以下措施。

1. 梯田工程 15°以上的坡耕地要坚决退耕还林、还草，以发展草场和营造生态林，建设成土壤蓄水，水养树草，树草固土的农业生态体系。地面坡度在15°以下的坡地，围绕农田建设，林、草配置，沿等高线隔一定的间距，建设高标准的水平梯田或隔坡梯田，沿梯田田埂上可种植一些灌木，起到固定水土、保护田埂的作用。同时要结合小流域治理工程，打坝造地，在控制水土流失的基础上，逐步将梯田、沟坝地建成基本农田。

2. 增厚梯田耕作层及熟化度 新建梯田的耕作层厚度相对较薄，熟化程度较低。耕作层厚度及生土熟化是这类田地改良的关键。新修梯田秋季要深耕2次，深度达25厘米以上，同时施入有机肥，每亩施用有机肥为2 500～3 500千克。次年春季在土壤解冻后，浅耕1次，耙耱2次。结合深耕施入硫酸亚铁，每亩为30～50千克，有条件的地方亩施为1 000～2 000千克风化煤或泥炭，耕翻入土，利于土壤熟化。

3. 加强植被建设，发展林牧基地 对一些边远的劣质耕地，陡坡地实行退耕还林还草，扩大植被覆盖率，并结合工程措施整治荒山、荒坡、荒沟，营造经济林、薪炭林，解决农村贫困和能源问题。发展畜牧业，改变单一的以种植业为主的农业生产结构，改变过去散养放牧的习惯，对牲畜进行圈养，封山育林育草。农区畜牧业的发展，不仅可提高农民的经济收入，又能为种植业提供更多的有机肥料，实现经济与生态的良性互动。

4. 大力推广集雨补灌技术 结合地形特点，修筑旱井、旱窖等集雨工程，调节降雨季节性分配不匀的问题。对作物进行补充灌溉，增强抵御旱灾的能力，通过引进良种，改进栽培措施，种植耐旱作物豆类、马铃薯、莜麦等，提高耕地综合生产能力。

5. 农、林、牧并重 此类耕地今后的利用方向应该是农、林、牧并重，因地制宜，全面发展。

应发展种草、植树，扩大林地和草地面积，促进养殖业发展，将生态效益和经济效益结合起来，如实行农（果）林复合农业。

三、干旱灌溉型耕地改造技术

广灵县干旱灌溉型中低产田面积较大，根据其地理位置，应采取以下措施。

1. 水源开发及调蓄工程 干旱灌溉型中低产田地处的位置，具备水资源开发条件。在这类地区一是平田整地采取小畦浇灌，节约用水，扩大浇水面积；二是积极发展管灌、滴灌，提高水的利用率；三是有水资源的地区大力发展水利工程；四是扩大水浇地面积，改善农业生产条件，提高土壤综合生产能力。

2. 平田整地 机械平整，使地面平整度适应不同浇灌方式的要求。

3. 发展旱作农业，耕作培肥 采用旱作农业技术、增施有机肥1 200～1 500千克/亩，发展地膜覆盖保蓄水分。

第六章　耕地地力评价与测土配方施肥

第一节　测土配方施肥的原理与方法

一、测土配方施肥的含义

测土配方施肥是以肥料田间试验、土壤测试为基础，根据作物需肥规律、土壤供肥性能和肥料效应，在合理施用有机肥料的基础上，提出氮、磷、钾及中、微量元素等肥料的施用品种、数量、施肥时期和施用方法。通俗地讲，就是在农业科技人员指导下科学施用配方肥。测土配方施肥技术的核心是调整和解决作物需肥与土壤供肥之间的矛盾。同时，有针对性地补充作物所需的营养元素，作物缺什么元素就补充什么元素，需要多少补充多少，实现各种养分平衡供应，满足作物的需要。达到增加作物产量、改善农产品品质、节省劳力、节支增收的目的。

二、应用前景

土壤有效养分是作物营养的主要来源，施肥是补充和调节土壤养分数量与补充作物营养最有效手段之一。作物因其种类、品种、生物学特性、气候条件以及农艺措施等诸多因素的影响，其需肥规律差异较大。因此，及时了解不同作物种植土壤中的土壤养分变化情况，对于指导科学施肥具有广阔的发展前景。

测土配方施肥是一项应用性很强的农业科学技术，在农业生产中大力推广应用，对促进农业增效、农民增收具有十分重要的作用。通过测土配方施肥的实施，能达到 5 个目标：一是节肥增产。在合理施用有机肥的基础上，提出合理的化肥投入量，调整养分配比，使作物产量在原有基础上能最大限度地发挥其增产潜能。二是提高产品品质。通过田间试验和土壤养分化验，在掌握土壤供肥状况，优化化肥投入的前提下，科学调控作物所需养分的供应，达到改善农产品品质的目标。三是提高肥效。在准确掌握土壤供肥特性，作物需肥规律和肥料利用率的基础上，合理设计肥料配方，从而达到提高产投比和增加施肥效益的目标。四是培肥改土。实施测土配方施肥必须坚持用地与养地相结合、有机肥与无机肥相结合，在逐年提高作物产量的基础上，不断改善土壤的理化性状，达到培肥和改良土壤，提高土壤肥力和耕地综合生产能力，实现农业可持续发展。五是生态环保。实施测土配方施肥，可有效地控制化肥特别是氮肥的投入量，提高肥料利用率，减少肥料的面源污染，避免因施肥引起的富营养化，实现农业高产和生态环保相协调的目标。

三、测土配方施肥的依据

（一）土壤肥力是决定作物产量的基础

肥力是土壤的基本属性和质的特征，是土壤从养分条件和环境条件方面，供应和协调作物生长的能力。土壤肥力是土壤的物理、化学、生物学性质的反映，是土壤诸多因子共同作用的结果。农业科学家通过大量的田间试验和示踪元素的测定证明，作物产量的构成，有 40%～80%的养分吸收自土壤。养分吸收自土壤比例的大小和土壤肥力的高低有着密切的关系，土壤肥力越高，作物吸自土壤养分的比例就越大，相反，土壤肥力越低，作物吸自土壤的养分越少，那么肥料的增产效应相对增大，但土壤肥力低绝对产量也低。要提高作物产量，首先要提高土壤肥力，而不是依靠增加肥料。因此，土壤肥力是决定作物产量的基础。

（二）测土配方施肥原则

有机与无机相结合、大中微量元素相配合、用地和养地相结合是测土配方施肥的主要原则，实施配方施肥必须以有机肥为基础，土壤有机质含量是土壤肥力的重要指标。增施有机肥可以增加土壤有机质含量，改善土壤理化生物性状，提高土壤保水保肥性能，增强土壤活性，促进化肥利用率的提高，各种营养元素的配合才能获得高产稳产。要使作物-土壤-肥料形成物质和能量的良性循环，必须坚持用养结合，投入产出相对平衡，保证土壤肥力的逐步提高，达到农业的可持续发展。

（三）测土配方施肥理论依据

测土配方施肥是以养分学说、最小养分律、同等重要律、不可代替律、肥料效应报酬递减律和因子综合作用律等为理论依据，以确定不同养分的施肥总量和肥料配比为主要内容。同时注意良种、田间管护等影响肥效的诸多因素，形成了测土配方施肥的综合资源管理体系。

1. 养分归还学说　作物产量的形成有 40%～80%的养分来自土壤。但不能把土壤看作一个取之不尽，用之不竭的“养分库”。为保证土壤有足够的养分供应容量和强度，保证土壤养分的携出与输入间的平衡，必须通过施肥这一措施来实现。依靠施肥，可以把作物吸收的养分“归还”土壤，确保土壤肥力。

2. 最小养分律　作物生长发育需要吸收各种养分，但严重影响作物生长，限制作物产量的是土壤中那种相对含量最小的养分因素，也就是最缺的那种养分。如果忽视这个最小养分，即使继续增加其他养分，作物产量也难以提高。只有增加最小养分的量，产量才能相应提高。经济合理的施肥是将作物所缺的各种养分同时按作物所需比例相应提高，作物才会优质高产。

3. 同等重要律　对作物来讲，不论大量元素或微量元素，都是同样重要缺一不可的，即使缺少某一种微量元素，尽管它的需要量很少，仍会影响某种生理功能而导致减产。微量元素和大量元素同等重要，不能因为需要量少而忽略。

4. 不可替代律　作物需要的各种营养元素，在作物体内都有一定的功效，相互之间不能替代，缺少什么营养元素，就必须施用含有该元素的肥料进行补充，不能互相替代。

5. 肥料效应报酬递减率 随着投入的单位劳动和资本量的增加，报酬的增加却在减少，当施肥量超过适量时，作物产量与施肥量之间单位施肥量的增产会呈递减趋势。

6. 因子综合作用律 作物产量的高低是由影响作物生长发育诸因素综合作用的结果，但其中必有一个起主导作用的限制因子，产量在一定程度上受该限制因素的制约。为了充分发挥肥料的增产作用和提高肥料的经济效益，一方面，施肥措施必须与其他农业技术措施相结合，发挥生产体系的综合功能；另一方面，各种养分之间的配合施用，也是提高肥效不可忽视的问题。

四、测土配方施肥确定施肥量的基本方法

1. 土壤与植物测试推荐施肥方法 该技术综合了目标产量法、养分丰缺指标法和作物营养诊断法的优点。对于大田作物，在综合考虑有机肥、作物秸秆应用和管理措施的基础上，根据氮、磷、钾和中、微量元素养分的不同特征，采取不同的养分优化调控与管理策略。其中，氮肥推荐根据土壤供氮状况和作物需氮量，进行实时动态监测和精确调控，包括基肥和追肥的调控；磷、钾肥通过土壤测试和养分平衡进行监控；中、微量元素采用因缺补缺的矫正施肥策略。该技术包括氮素实时监控，磷钾养分恒量监控和中、微量元素养分矫正施肥技术。

（1）氮素实时监控施肥技术：根据不同土壤、不同作物、不同目标产量确定作物需氮量，以需氮量的30%～60%作为基肥用量。具体基施比例根据土壤全氮含量，同时参照当地丰缺指标来确定。一般在全氮含量偏低时，采用需氮量的50%～60%作为基肥；在全氮含量居中时，采用需氮量的40%～50%作为基肥；在全氮含量偏高时，采用需氮量的30%～40%作为基肥。30%～60%基肥比例可根据上述方法确定，并通过“3414”田间试验进行校验，建立当地不同作物的施肥指标体系。有条件的地区可在播种前对0～20厘米土壤无机氮进行监测，调节基肥用量。其中：

土壤无机氮（千克/亩）＝土壤无机氮测试值（毫克/千克）×0.15×校正系数

氮肥追肥用量推荐以作物关键生育期的营养状况诊断或土壤硝态氮的测试为依，这是实现氮肥准确推荐的关键环节，也是控制过量施氮或施氮不足、提高氮肥利用率和减少损失的重要措施。测试项目主要是土壤全氮含量、土壤硝态氮含量或谷子拔节期茎基部硝酸盐浓度、玉米最新展开叶叶脉中部硝酸盐浓度，水稻采用叶色卡或叶绿素仪进行叶色诊断。

（2）磷钾养分恒量监控施肥技术：根据土壤有效磷、速效钾含量水平，以土壤有效磷、速效钾养分不成为实现目标产量的限制因子为前提，通过土壤测试和养分平衡监控，使土壤有效磷、速效钾含量保持在一定范围内。对于磷肥，基本思路是根据土壤有效磷测试结果和养分丰缺指标进行分级，当有效磷水平处在中等偏上时，可以将目标产量需要量（只包括带出田块的收获物）的100%～110%作为当季磷肥用量；随着有效磷含量的增加，需要减少磷肥用量，直至不施；随着有效磷的降低，需要适当增加磷肥用量，在极缺磷的土壤上，可以施到需要量的150%～200%。在2～3年后再次测土时，根据土壤有效磷和产量的变化再对磷肥用量进行调整。钾肥首先需要确定施用钾肥是否有效，再参照上

面方法确定钾肥用量，但需要考虑有机肥和秸秆还田带入的钾量。一般大田作物磷、钾肥料全部做基肥。

（3）中、微量元素养分矫正施肥技术：中、微量元素养分的含量变幅大，作物对其需要量也各不相同。主要与土壤特性（尤其是母质）、作物种类和产量水平等有关。矫正施肥就是通过土壤测试，评价土壤中、微量元素养分的丰缺状况，进行有针对性的因缺补缺的施肥。

2. 肥料效应函数法　根据“3414”方案田间试验结果建立当地主要作物的肥料效应函数，直接获得某一区域、某种作物的氮、磷、钾肥料的最佳施用量，为肥料配方和施肥推荐提供依据。

3. 土壤养分丰缺指标法　通过土壤养分测试结果和田间肥效试验结果，建立不同作物、不同区域的土壤养分丰缺指标，提供肥料配方。

土壤养分丰缺指标田间试验也可采用“3414”部分实施方案。“3414”方案中的处理1为空白对照（CK），处理6为全肥区（NPK），处理2、4、8为缺素区（即PK、NK和NP）。收获后计算产量，用缺素区产量占全肥区产量百分数即相对产量的高低来表达土壤养分的丰缺情况。相对产量＜50％的土壤养分为极低；相对产量50％～75％（不含）为低，75％～90％（不含）为中，90％～95％（不含）为高，＞95％（95％）（含）以上为极高。可确定适用于某一区域、某种作物的土壤养分丰缺指标及对应的肥料施用数量。对该区域其他田块，通过土壤养分测试，就可以了解土壤养分的丰缺状况，提出相应的推荐施肥量。

4. 养分平衡法

（1）基本原理与计算方法：根据作物目标产量需肥量与土壤供肥量之差估算施肥量，计算公式为：

$$\text{施肥量（千克/亩）}=\frac{\text{目标产量所需养分总量}-\text{土壤供肥量}}{\text{肥料中养分含量}\times\text{肥料当季利用率}}$$

养分平衡法涉及目标产量、作物需肥量、土壤供肥量、肥料利用率和肥料中有效养分含量五大参数。土壤供肥量即为“3414”方案中处理1的作物养分吸收量。目标产量确定后因土壤供肥量的确定方法不同，形成了地力差减法和土壤有效养分校正系数法两种。

地力差减法是根据作物目标产量与基础产量之差来计算施肥量的一种方法。其计算公式为：

$$\text{施肥量（千克/亩）}=\frac{\text{（目标产量}-\text{基础产量）}\times\text{单位经济产量养分吸收量}}{\text{肥料中养分含量}\times\text{肥料利用率}}$$

基础产量即为“3414”方案中处理1的产量。

土壤有效养分校正系数法是通过测定土壤有效养分含量来计算施肥量。其计算公式为：

$$\text{施肥量（千克/亩）}=\frac{\dfrac{\text{作物单位产量}}{\text{养分吸收量}}\times\text{目标产量}-\text{土壤测试值}\times 0.15\times\dfrac{\text{土壤有效养分}}{\text{校正系数}}}{\text{肥料中养分含量}\times\text{肥料利用率}}$$

（2）有关参数的确定：

①目标产量。目标产量可采用平均单产法来确定。平均单产法是利用施肥区前3年平

均单产和年递增率为基础确定目标产量，其计算公式是：

目标产量（千克/亩）＝（1＋递增率）×前 3 年平均单产（千克/亩）

一般粮食作物的递增率为 10%～15%，露地蔬菜为 20%，设施蔬菜为 30%。

②作物需肥量。通过对正常成熟的农作物全株养分的分析，测定各种作物百公斤经济产量所需养分量，乘以目标常量即可获得作物需肥量。

$$\text{作物目标产量所需养分量（千克）}=\frac{\text{目标产量（千克）}}{100}\times\text{百千克产量所需养分量（千克）}$$

③土壤供肥量。土壤供肥量可以通过测定基础产量、土壤有效养分校正系数两种方法估算：

通过基础产量估算（处理 1 产量）：不施肥区作物所吸收的养分量作为土壤供肥量。

$$\text{土壤供肥量（千克）}=\frac{\text{不施养分区农作物产量（千克）}}{100}\times\text{百千克产量所需养分量（千克）}$$

通过土壤有效养分校正系数估算：将土壤有效养分测定值乘一个校正系数，以表达土壤"真实"供肥量。该系数称为土壤有效养分校正系数。

$$\text{土壤有效养分校正系数（\%）}=\frac{\text{缺素区作物地上部分吸收该元素量（千克/亩）}}{\text{该元素土壤测定值（毫克/千克）}\times 0.15}$$

④肥料利用率。一般通过差减法来计算：利用施肥区作物吸收的养分量减去不施肥区农作物吸收的养分量，其差值视为肥料供应的养分量，再除以所用肥料养分量就是肥料利用率。

以下公式以计算氮肥利用率为例来进一步说明。

$$\text{肥料利用率（\%）}=\frac{\begin{matrix}\text{施肥区农作物吸收}\\\text{养分量（千克/亩）}\end{matrix}-\begin{matrix}\text{缺素区农作物吸收}\\\text{养分量（千克/亩）}\end{matrix}}{\text{肥料施用量（千克/亩）}\times\text{肥料中养分含量（\%）}}\times 100$$

施肥区（NPK 区）农作物吸收养分量（千克/亩）："3414"方案中处理 6 的作物总吸氮量；

缺氮区（PK 区）农作物吸收养分量（千克/亩）："3414"方案中处理 2 的作物总吸氮量；

肥料施用量（千克/亩）：施用的氮肥肥料用量；

肥料中养分含量（%）：施用的氮肥肥料所标明的含氮量。

如果同时使用了不同品种的氮肥，应计算所用的不同氮肥品种的总氮量。

⑤肥料养分含量。供施肥料包括无机肥料与有机肥料。无机肥料、商品有机肥料含量按其标明量，不明养分含量的有机肥料养分含量可参照当地不同类型有机肥养分平均含量获得。

第二节　测土配方施肥项目技术内容和实施情况

一、样品采集

广灵县于 2009—2011 年共采集土样 4 100 个，覆盖全县各个行政村所有耕地。采样布点根据县土壤图，做好采样规划，确定采样点位→野外工作带上取样工具（土钻、土袋、调查表、标签、GPS定位仪等）→联系村对地块熟悉的农户代表→到采样点位选择有代表性地块→GPS定位仪定位→S形取样→混样→四分法分样→装袋→填写内外标签→填写土样基本情况表的田间调查部分→访问土样点农户填写土样基本情况表其他内容→土样风干→分析化验。同时根据要求填写300个农户施肥情况调查表。

二、田间调查

通过2009—2011年对300户施肥效果跟踪调查，田间调查除采样表上所有内容外，还调查了该地块前茬作物、产量、施肥水平和灌水情况。同时定期走访农户，了解基肥和追肥的施用时间、施用种类、施用数量、灌水时间、灌水次数、灌水量。基本摸清该调查户作物产量，氮、磷、钾养分投入量，氮、磷、钾比例，肥料成本及效益。完成了测土配方施肥项目要求的300户调查任务。

三、分析化验

土壤和植株测试是测土配方施肥最为重要的技术环节，也是制订肥料配方的重要依据。所有采集的4 100个土壤样品按规定的测试项目进行测试，其中大量元素24 600项次、中微量元素10 740项次，其他项目8 400项次，共测试43 740项次；采集植株样品150个，完成1 350化验项次，为制订施肥配方和田间试验提供了准确的基础数据。

测试方法简述如下。

（1）pH：土液比1∶2.5，电位法。

（2）有机质：采用油浴加热重铬酸钾氧化容量法。

（3）全氮：采用凯氏蒸馏法。

（4）碱解氮：采用碱解扩散法。

（5）全磷：采用（选测10%的样品）氢氧化钠熔融-钼锑抗比色法。

（6）有效磷：采用碳酸氢钠或氟化铵-盐酸浸提-钼锑抗比色法。

（7）全钾：采用氢氧化钠熔融-火焰光度计或原子吸收分光光度计法。

（8）速效钾：采用乙酸铵提取-火焰光度法。

（9）缓效钾：采用硝酸提取-火焰光度法。

（10）有效硫：采用磷酸盐-乙酸或氯化钙浸提-硫酸钡比浊法。

（11）阳离子交换量：采用（选测10%的样品）EDTA-乙酸铵盐交换法。

（12）有效铜、锌、铁、锰：采用DTPA提取-原子吸收光谱法。

（13）有效钼：采用（选测10%的样品）草酸-草酸铵浸提-极谱法草酸-草酸铵提取、极谱法。

（14）水溶性硼：采用沸水浸提-甲亚胺-H比色法或姜黄素比色法。

四、田间试验

按照山西省土壤肥料工作站制订的“3414”试验方案，围绕玉米安排“3414”试验30个。并严格按农业部测土配方施肥技术规范要求执行。通过试验初步摸清了土壤养分校正系数、土壤供肥量、农作物需肥规律和肥料利用率等基本参数。建立了主要作物的氮磷钾肥料效应模型，确定了作物合理施肥品种和数量，基肥、追肥分配比例，最佳施肥时期和施肥方法，建立了施肥指标体系，为配方设计和施肥指导提供了科学依据。

玉米“3414”试验操作规程如下。

根据广灵县地理位置、肥力水平和产量水平等因素，确定“3414”试验的试验地点→大同市土肥站农技人员承担试验→玉米播前召开专题培训会→试验地基础土样采集和调查→地块小区规划→不同处理按照方案施肥→播种→生育期和农事活动调查记载→收获期测产调查→小区植株全株采集→小区土样采集→小区产量汇总→室内考种→试验结果分析汇总→撰写试验报告。

五、配方制订与校正试验

在对土样认真分析化验的基础上，组织有关专家，汇总分析土壤测试和田间试验结果，综合考虑土壤类型、土壤质地、种植结构，分析气象资料和作物需肥规律，针对区域内的主要作物，进行优化设计提出不同分区的作物肥料配方，其中主体配方5个，科学拟定了4 100个精准施肥小配方。2009—2011年，共安排校正试验30个。

六、配方肥加工与推广

依据配方，以单质、复混肥料为原料，生产或配制配方肥。主要采用两种形式，一是通过配方肥定点生产企业按配方加工生产配方肥，建立肥料营销网络和销售台账，向农民供应配方肥；二是农民按照施肥建议卡所需肥料品种，选用肥料，科学施用。广灵县和山西省配方肥定点生产企业合作，农业委员会提供肥料配方，肥料企业按照配方生产配方肥，通过县、乡、村三级科技推广网络和30余家定点供肥服务站进行供肥。2009—2011年，广灵县推广应用配方肥4 800多吨，配方肥施用面积48万亩次。

在配方肥推广上，具体做法是：一是搞技术宣讲，把测土配方施肥，合理用肥，施用配方肥的优越性讲得人人明白，并散发有关材料；二是在广灵县建立20个配方肥供应点；三是在播种季节，农业委员会组织全体技术人员，到各配方肥供应点，指导群众合理配肥，合理施用配方肥；四是搞好配方肥的示范，让事实说话，通过以上措施，有效地推动全县配方肥的应用，并取得明显的经济效益。

七、数据库建设与地力评价

在数据库建设上，按照农业部规定的测土配方施肥数据字典格式建立数据库，以第二次土壤普查、耕地地力调查、历年土壤肥料田间试验和土壤监测数据资料为基础，收集整理了本次野外调查、田间试验和分析化验数据，委托山西农业大学资源环境学院建立土壤养分图和测土配方施肥数据库，并进行县域耕地地力评价。同时，开展田间试验、土壤养分测试、肥料配方、数据处理、专家咨询系统等方面的技术研发工作，不断提升测土配方施肥技术水平。

八、化验室建设与质量控制

完善化验室建设，提升了化验室标准，化验室面积占地 200 平方米，通过招投标确定了仪器设备供应单位，购置了先进的化验仪器、玻璃器皿和化学试剂，能正常开展土壤和肥料常规项目化验。化验室共配备专业化验人员 5 名，经过专业培训上岗，化验过程严格按照《测土配方施肥技术规范》进行，确保了化验效果。

九、技术推广应用

2009—2011 年，制作测土配方施肥建议卡 14 万份，其中 2009 年 5 万份，2010 年 5 万份，2011 年 4 万份，并发放到户。发放配方施肥建议卡的具体做法是：一是大村、重点村，利用技术宣讲会进行发放；二是利用发放谷子、玉米直补款时进行发放。

2009—2011 年，广灵县共举办各类技术培训班 420 场次，培训各类人员 20 000 人次，发放技术培训资料 10 万份，技术手册 5 万份，科技赶集 12 次，召开现场会 2 次，设测土配方施肥建议卡专栏 180 个，建测土配方施肥万亩示范方永久标志碑一座，48 村设立了测土配方施肥标志牌，宣挂各类宣传条幅、横幅 350 条。

2009—2011 年，累计建立万亩示范片 3 个，千亩示范片 52 个。有效地推动了配方肥的应用，取得了增产、节肥、增效良好的经济效益和生态效益。

十、专家施肥系统开发

布置试验、示范，调整改进肥料配方，充实数据库，完善专家咨询系统，探索主要农作物的测土配方施肥模型，不仅做到缺啥补啥，而且必须保证吃好不浪费，进一步提高利用率，节约肥料，降低成本，满足作物高产优质的需要。

第三节　田间肥效试验及施肥指标体系建立

根据农业部及山西省农业厅测土配肥项目实施方案的安排和省土肥站制订的《山西省主要作物“3414”肥料效应田间试验方案》《山西省主要作物测土配方施肥示范方案》所规定标准，为摸清土壤养分校正系数，土壤供肥能力，不同作物养分吸收量和肥料利用率等基本参数；掌握农作物在不同施肥单元的优化施肥量，施肥时期和施肥方法；构建农作物科学施肥模型，为完善测土配方施肥技术指标体系提供科学依据，从 2009 年春播起，在大面积实施测土配方施肥的同时，安排实施了各类试验示范，取得了大量的科学试验数据，为下一步的测土配方施肥工作奠定了良好的基础。

一、测土配方施肥田间试验的目的

田间试验是获得各种作物最佳施肥品种、施肥比例、施肥时期、施肥方法的唯一途径，也是筛选、验证土壤养分测试方法、建立施肥指标体系的基本环节。通过田间试验，掌握各个施肥单元不同作物优化施肥数量，基、追肥分配比例，施肥时期和施肥方法；摸清土壤养分较正系数、土壤供肥能力、不同作物养分吸收量和肥料利用率等基本参数；构建作物施肥模型，为施肥分区和肥料配方设计提供依据。

二、测土配方施肥田间试验方案的设计

（一）田间试验方案设计

按照《全国测土配方施肥技术规范》的要求，以及山西省农业厅土壤肥料工作站《测土配方施肥实施方案》的规定，根据主栽作物为玉米的实际，采用“3414”方案设计（设计方案见表 6-1）。“3414”的含义是指氮、磷、钾 3 个因素，4 个水平，14 个处理。4 个水平的含义：0 水平指不施肥；2 水平指当地推荐施肥量；1 水平＝2 水平×0.5；3 水平＝2 水平×1.5（该水平为过量施肥水平）。玉米“3414”试验 2 水平处理的施肥量，N 14 千克/亩、P_2O_5 8 千克/亩、K_2O 8 千克/亩，校正试验设配方施肥示范区、常规施肥区、空白对照区 3 个处理。按照山西省土壤肥料工作站示范方案进行。

（二）试验材料

供试肥料分别为中国石化生产的 46%尿素，云南军马牌 14%重过磷酸钙，运城盐湖生产的 50%硫酸钾。

三、测土配方施肥田间试验方案的实施

（一）人员与布局

在多年耕地土壤肥力动态监测和耕地分等定级的基础上，将该县耕地进行高、中、低肥力区划，确定不同肥力的测土配方施肥试验所在地点，同时在对承担试验的农户科技水平与责任心、地块大小、地块代表性等条件综合考察的基础上，确定试验地块。试验田的田间规划、施肥、播种、浇水以及生育期观察、田间调查、室内考种、收获计产等工作都由专业技术人员严格按照田间试验技术规程进行操作。

广灵县的测土配方施肥“3414”类试验主要在玉米上进行，完全试验不设重复。2009—2011 年，3 年共完成“3414”完全玉米“3414”试验 30 个。安排配方校正试验 30 个。

（二）试验地选择

试验地选择平坦、整齐、肥力均匀，具有代表性的不同肥力水平的地块；坡地选择坡度平缓、肥力差异较小的田块；试验地避开了道路、堆肥场所等特殊地块。

表 6-1　广灵县“3414”完全试验设计方案

试验编号	处理编码	施肥水平		
		N	P	K
1	$N_0P_0K_0$	0	0	0
2	$N_0P_2K_2$	0	2	2
3	$N_1P_2K_2$	1	2	2
4	$N_2P_0K_2$	2	0	2
5	$N_2P_1K_2$	2	1	2
6	$N_2P_2K_2$	2	2	2
7	$N_2P_3K_2$	2	3	2
8	$N_2P_2K_0$	2	2	0
9	$N_2P_2K_1$	2	2	1
10	$N_2P_2K_3$	2	2	3
11	$N_3P_2K_2$	3	2	2
12	$N_1P_1K_2$	1	1	2
13	$N_1P_2K_1$	1	2	1
14	$N_2P_1K_1$	2	1	1

（三）试验作物品种选择

田间试验选择当地主栽作物品种或拟推广品种。

（四）试验准备

整地、设置保护行、试验地区划；小区应单灌单排，避免串灌串排；试验前采集土壤样。

（五）测土配方施肥田间试验的记载

田间试验记载的具体内容和要求如下。

1. 试验地基本情况

地点：省、市、县、村、邮编、地块名、农户姓名。

定位：经度、纬度、海拔。

土壤类型：土类、亚类、土属、土种。

土壤属性：土体构型、耕层厚度、地形部位及农田建设、侵蚀程度、障碍因素、地下水位等。

2. 试验地土壤、植株养分测试　有机质、全氮、碱解氮、有效磷、速效钾、pH 等土壤理化性状，必要时进行植株营养诊断和中微量元素测定等。

3. 气象因素　多年平均及当年分月气温、降水、日照和湿度等气候数据。

4. 前茬情况　作物名称、品种、品种特征、亩产量以及氮、磷、钾肥和有机肥的用量、价格等。

5. 生产管理信息　灌水、中耕、病虫防治、追肥等。

6. 基本情况记录　品种、品种特性、耕作方式及时间、耕作机具、施肥方式及时间、播种方式及工具等。

7. 生育期记录 主要记录：播种期、播种量、平均行距、出苗期、拔节期、抽穗期、灌浆期、成熟期等。

8. 生育指标调查记载 主要调查和室内考种记载：亩株数、株高、穗位高及节位、亩收获穗数、穗长、穗行数、穗粒数、百粒重、小区产量等。

（六）试验操作及质量控制情况

试验田地块的选择严格按方案技术要求进行，同时要求承担试验的农户要有一定的科技素质和较强的责任心，以保证试验田各项技术措施准确到位。

（七）数据分析

田间调查和室内考种所得数据，全部按照肥料效应鉴定田间试验技术规程操作，利用Excel程序和“3414”田间试验设计与数据分析管理系统进行分析。

四、田间试验实施情况

（一）试验情况

1. “3414”完全试验 共安排玉米30个。试验分别设在4个乡（镇）4个村庄。

2. 校正试验 共安排玉米30个，分布在4个乡（镇）5个村庄。

（二）试验示范效果

1. 3414完全试验 玉米“3414”完全试验：共试验30次。综观试验结果，玉米的肥料障碍因子首位的是氮，其次才是磷钾因子。经过各点试验结果与不同处理进行回归分析，得到三元二次方程30个，其相关系数全部达到极显著水平。

2. 校正试验 完成玉米30个，通过校正试验3年玉米平均配方施肥比常规施肥亩增产玉米20千克，减少不合理施肥折纯0.3千克，增产5.8%，亩增纯收益33.5元。

五、建立玉米测土配方施肥丰缺指标体系

（一）初步建立了作物需肥量、肥料利用率、土壤养分校正系数等施肥参数

1. 作物需肥量 作物需肥量的确定，首先掌握作物100千克经济产量所需的养分量。通过对正常成熟的农作物全株养分分析，可以得出各种作物的100千克经济产量所需养分量。广灵县玉米100千克产量所需养分量为N：2.57千克，P_2O_5：0.86千克，K_2O：2.14千克。计算公式：

作物需肥量＝［目标产量（千克）/100］×100千克产量所需养分量（千克）

2. 土壤供肥量 土壤供肥量可以通过测定基础产量计算。

不施肥区作物所吸收的养分量作为土壤供肥量，计算公式：

土壤供肥量＝不施肥区作物产量（千克）/100千克产量所需养分量（千克）

通过土壤养分校正系数计算：将土壤有效养分测定值乘一个校正系数，以表达土壤“真实”的供肥量。

确定土壤养分校正系数的方法是：校正系数＝缺素区作物地上吸收该元素量/该元素

土壤测定值×0.15。根据这个方法，初步建立了玉米田不同土壤养分含量下的碱解氮、有效磷、速效钾的校正系数，见表6-2。

表6-2　土壤养分含量及校正系数

项　目		内　容				
碱解氮	含　量	<30	30～60	60～90	90～120	>120
	校正系数	>1.0	1.0～0.8	0.8～0.6	0.6～0.4	<0.4
有效磷	含　量	<5	5～10	10～20	20～30	>30
	校正系数	>1.0	1.0～0.9	0.9～0.6	0.6～0.5	<0.5
速效钾	含　量	<50	50～100	100～150	150～200	>200
	校正系数	>0.6	0.6～0.5	0.5～0.4	0.4～0.3	<0.3

3. 肥料利用率　肥料利用率通过差减法来求出。方法是：利用施肥区作物吸收的养分量减去不施肥区作物吸收的养分量，其差值为肥料供应的养分量，再除以所用肥料养分量就是肥料利用率。根据这个方法，初步估计该县尿素肥料利用率约为31.2%、普通过磷酸钙约为13.3%、硫酸钾约为28.4%。

4. 玉米、谷子目标产量的确定方法　利用施肥区前3年平均亩产和年递增率为基础确定目标产量，其计算公式是：

目标产量（千克/亩）＝（1＋年递增率）×前3年平均单产（千克/亩）

玉米、谷子的递增率为10%～15%为宜。

5. 施肥方法　最常用的是条施、穴施和全层施。玉米基肥采用条施、或撒施深翻或全层施肥；玉米追肥采用条施。

（二）初步建立了玉米丰缺指标体系

通过对各试验点相对产量与土测值的相关分析，按照相对产量达≥95%、90%～95%、75%～90%、50%～75%、<50%将土壤养分划分为“极高”“高”“中”“低”“极低”5个等级，初步建立了“广灵县玉米测土配方施肥丰缺指标体系”。同时，根据“3414”试验结果，采用一元模型对施肥量进行模拟，根据散点图趋势，结合专业背景知识，选用一元二次模型或线性加平台模型推算作物最佳产量施肥量。按照土壤有效养分分级指标土进行统计、分析，求平均值及上下限。

1. 玉米碱解氮丰缺指标　由于碱解氮的变化大，建立丰缺指标及确定对应的推荐施肥量难度很大，目前在实际工作中应用养分平衡法来进行施肥推荐。见表6-3。

表6-3　广灵县玉米碱解氮丰缺指标

等　级	相对产量（%）	土壤氮含量（毫克/千克）
极　高	>95	>170
高	90～95	140～170
中	75～90	70～140
低	50～75	30～70
极　低	<50	<30

2. 玉米有效磷丰缺指标 见表6-4。

表6-4 广灵县玉米有效磷丰缺指标

等　级	相对产量（%）	土壤磷含量（毫克/千克）
极　高	>95	>35
高	90～95	25～35
中	75～90	10～25
低	50～75	2～10
极　低	<50	<2

3. 玉米速效钾丰缺指标 见表6-5。

表6-5 广灵县玉米速效钾丰缺指标

等　级	相对产量（%）	土壤钾含量（毫克/千克）
极　高	>95	>200
高	90～95	160～200
中	75～90	90～160
低	50～75	50～90
极　低	<50	<50

第四节　主要作物不同区域测土配方施肥技术

立足广灵县实际情况，根据历年来的玉米、谷子、马铃薯产量水平，土壤养分检测结果，田间肥料效应试验结果，同时结合农田基础和多年来的施肥经验等，制订了玉米、马铃薯、谷子配方施肥方案，提出了玉米、马铃薯、谷子的主体施肥配方方案，并和配方肥生产企业联合，大力推广应用配方肥，取得了很好的实施效果。

制订施肥配方的原则如下。

（1）施肥数量准确：根据土壤肥力状况、作物营养需求，合理确定不同肥料品种施用数量，满足农作物目标产量的养分需求，防止过量施肥或施肥不足。

（2）施肥结构合理：提倡秸秆还田，增施有机肥料，兼顾中微量元素肥料，做到有机无机相结合，氮、磷、钾养分相均衡，不偏施或少施某一养分。

（3）施用时期适宜：根据不同作物的阶段性营养特征，确定合理的基肥追肥比例和适宜的施肥时期，满足作物养分敏感期和快速生长期等关键时期养分需求。

（4）施用方式恰当；针对不同肥料品种特性、耕作制度和施肥时期，坚持农机农艺结合，选择基肥深施、追肥条施穴施、叶面喷施等施肥方法，减少撒施、表施等。

一、玉米配方施肥方案

1. 施肥方案

（1）产量水平为400千克/亩以下：玉米产量为400千克/亩以下地块，氮肥（N）用量推荐为7～8千克/亩，磷肥（P_2O_5）用量为4～5千克/亩。亩施农家肥为1 000千克以上。

（2）玉米产量水平为400～450千克/亩：春玉米产量450千克/亩以下地块，氮肥（N）用量推荐为7～8千克/亩，磷肥（P_2O_5）用量为4～5千克/亩。农家肥为1 000千克以上。

（3）玉米产量水平为450～600千克/亩：春玉米产量为600千克/亩以下地块，氮肥（N）用量推荐为8～10千克/亩，磷肥（P_2O_5）用量为5～6千克/亩，钾肥（K_2O）为1～2千克/亩。亩施农家肥为1 000千克以上。

（4）玉米产量水平为600～750千克/亩：春玉米产量为500～650千克/亩的地块，氮肥（N）用量推荐为10～13千克/亩，磷肥（P_2O_5）为6～7千克/亩，钾肥（K_2O）为2～3千克/亩。亩施农家肥为1 500千克以上。

（5）玉米产量水平为750千克/亩以上：春玉米产量为750千克/亩以上的地块，氮肥用量推荐为13～15千克/亩，磷肥（P_2O_5）为7～9千克/亩，钾肥（K_2O）为3～4千克/亩。亩施农家肥为2 000千克以上。

2. 施肥方法　一是大力提倡化肥深施，坚决杜绝肥料撒施。基、追肥施肥深度要分别达到15～20厘米、5～10厘米；二是施足底肥，合理追肥。一般有机肥、磷、钾及中、微量元素肥料均作底肥，氮肥则分期施用。氮肥60%～70%底施、30%～40%追施。此外，作物秸秆还田地块要增加氮肥用量10%～15%，以协调碳氮比，促进秸秆腐解。要大力推广玉米施锌术，每千克种子拌硫酸锌4～6克，或亩底施硫酸锌1.5～2千克。

二、马铃薯配方施肥方案

1. 施肥方案

（1）产量水平为1 000千克以下：马铃薯产量为1 000千克/亩以下的地块，氮肥用量推荐为4～5千克/亩，磷肥（以P_2O_5计）为3～5千克/亩，钾肥（以K_2O计）为1～2千克/亩。亩施农家肥为1 000千克以上。

（2）产量水平为1 000～1 500千克：马铃薯产量为1 000～1 500千克/亩的地块，氮肥用量推荐为5～7千克/亩，磷肥（以P_2O_5计）为5～6千克/亩，钾肥（以K_2O计）为2～3千克/亩。亩施农家肥为1 000千克以上。

（3）产量水平为1 500～2 000千克：马铃薯产量为1 500～2 000千克/亩的地块，氮肥用量推荐为7～8千克/亩，磷肥（以P_2O_5计）为6～7千克/亩，钾肥（以K_2O计）为3～4千克/亩。亩施农家肥为1 000千克以上。

（4）产量水平为2 000千克以上：马铃薯产量为2 000千克/亩以上的地块，氮肥用量推荐为8～10千克/亩，磷肥（以P_2O_5计）为7～8千克/亩，钾肥（以K_2O计）为4～5千克/亩。亩施农家肥为1 500千克以上。

2. 施肥方法

（1）基肥：有机肥、钾肥、大部分磷肥和氮肥都应作基肥，磷肥最好和有机肥混合沤制后施用。基肥可以在秋季或春季结合耕地沟施或撒施。

（2）种肥：马铃薯每亩用3千克尿素、5千克普通过磷酸钙混合100千克有机肥，播种时条施或穴施于薯块旁，有较好的增产效果。

（3）追肥：马铃薯一般在开花以前进行追肥，早熟品种应提前施用。开花以后不宜追施氮肥，以免造成茎叶徒长，影响养分向块茎的输送，造成减产，可根外喷洒磷钾肥。

三、谷子配方施肥方案

1. 施肥方案

（1）产量水平≤150千克：产量为150千克/亩以下的地块，氮肥用量基肥推荐为4千克/亩，磷肥基施（以P_2O_5计）为3～4千克/亩，钾肥（以K_2O计）为1～2千克/亩。亩施农家肥为500千克以上。

（2）产量水平为150～200千克：产量为150～200千克/亩的地块，氮肥用量推荐为4～6千克/亩，磷肥基施（以P_2O_5计）为4～6千克/亩，钾肥（以K_2O计）为2～3千克/亩。亩施农家肥为800千克以上。

（3）产量水平为200～250千克：产量为200～250千克/亩的地块，氮肥用量推荐为6～7千克/亩，磷肥基施（以P_2O_5计）为6～7千克/亩，钾肥（以K_2O计）为3～4千克/亩。亩施农家肥为1 000千克以上。

（4）产量水平为250～300千克：产量为250～300千克/亩的地块，氮肥用量推荐为8～9千克/亩，磷肥基施（以P_2O_5计）为6～8千克/亩，钾肥（以K_2O计）为3～4千克/亩。亩施农家肥为1 500千克以上。

（5）产量水平为300千克以上：产量为300千克/亩以上的地块，氮肥用量推荐为10千克/亩，磷肥基施（以P_2O_5计）为9～10千克/亩，钾肥（以K_2O计）为5千克/亩。亩施农家肥为2 000千克以上。

2. 施肥技术

（1）基肥：基肥能促进谷子穗大、提高产量。氮肥1/3做基肥，磷肥、钾肥全部做基肥，有机肥施用时要因地制宜，如坡地等黏重土壤，地温低，要增施骡马粪、羊粪；沙性土壤多施优质猪、羊粪等细肥。化肥最好是氮、磷、钾配方肥或复（混）合肥施用，每亩施用量根据地力确定。用磷酸二铵或氮、磷、钾复合肥效果显著。施用时要与种隔开，分别施用，以免烧苗。

（2）追肥：播种时有足够的农肥和化肥做基肥，追肥可以推迟到抽穗期；播种基肥数量少，追肥要提前到拔节期。追肥用量大时，要分期追施，7～8片叶、孕穗时2次追施。追肥用量少时，可在拔节期1次追施。谷子抽穗时追施不会造成贪青，反而有促进早熟作用，特别是在地力差及脱肥的地块，追施可增产15%以上。谷子追肥的原则是：薄地多追、肥地少追，密处多追、稀处少追，肥地前轻后重、瘦地前重后轻。

（3）叶面喷施：是补充谷子后期营养的有效措施。在谷子拔节初期，用尿素进行根外追肥，谷粒和谷草都有增产，喷施浓度为2%。

第七章 耕地地力调查与质量评价的应用研究

第一节 耕地资源合理配置研究

一、耕地数量平衡与人口发展配置研究

2012年，广灵县耕地面积约为49.35万亩，其中水浇地20.5万亩，旱地28.85万亩，总人口18.39万人，其中农业人口15.28万，人均耕地2.68亩。近年来，随着社会经济的逐步发展，工业用地、交通用地迅速增长，导致耕地面积逐年减少。与此同时，广灵县人口却在不断增加，人均占有耕地面积逐年减少。虽然从目前来看人均耕地相对较多，人地矛盾并不突出，但是人均稳产高产的水浇地面积却很少。随着工业用地、交通用地的不断增加，全县人地矛盾将逐渐突出。因此，从当地民众的生存和经济可持续发展出发，在退耕还林还草的同时，应把开发未利用地和提高现有耕地的综合生产能力并重，从控制人口增长，村级内部改造和居民点调整，退宅还田，开发复垦土地后备资源和废弃地等方面着手扩大耕地面积。

二、耕地地力与粮食生产能力分析

（一）耕地生产能力

耕地生产能力是决定粮食产量的决定性因素之一。近年来，由于种植结构调整和建设用地，退耕还林还草等因素的影响，粮食播种面积在不断减少，而人口却在不断增加，对粮食的需求量也在增加。因此，保证全县粮食需求，挖掘耕地生产潜力已刻不容缓。

耕地的生产能力是由土壤本身肥力作用所决定的，其生产能力分为现实生产能力和潜在生产能力。

1. 现实生产能力 现实生产能力是指在目前生产条件和耕作措施下的生产能力。广灵县现有耕地面积49.35万亩，而由于干旱、瘠薄、坡地等因素的存在，影响了耕地的生产能力。据2009—2011年的土壤养分测试表明，全县土壤养分状况偏低，土壤有机质含量平均为11.11克/千克，属山西省四级；全氮平均0.70克/千克，属山西省四级；有效磷含量平均8.38毫克/千克，属山西省五级；速效钾含量平均113.11毫克/千克，属山西省四级。

由于立地条件差，土地产出效益低，耕作管理粗放，集约化程度低，土壤养分含量低，尤其有效养分不足，再加之农业科学技术普及不到位，农民在种植管理过程中管理水平不高，化肥使用比例不当，忽视对有机肥的施用等原因，使得全县耕地现实生产能力一

直不高。

广灵县现有耕地面积 49.35 万亩，其中水浇地 20.5 万亩，约占耕地面积的 41.54%，其余都是旱地，约占耕地面积的 58.46%，旱地面积中，平川地占 35%，坡梁地占 65%。这就是说，广灵县有大部分耕地不能灌溉，只能以保蓄自然水分的方式经营农业生产，而本县水土流失比较严重。所以，耕地保养尤为重要。

2. 潜在生产能力 生产潜力是指在正常的社会秩序和经济秩序下所能达到的最大产量。从历史的角度和长期的利益来看，耕地的生产潜力是比粮食产量更为重要的粮食安全因素。

广灵县是全省较大的粮食、蔬菜生产基地县之一，光热资源充足。全县现有耕地中，一级、二级地占总耕地面积的 24.7%，其亩产大于 600 千克；三级、四级、五级，即亩产量 300～600 千克的耕地占耕地面积的 66.1%；六级以下，即亩产量低于 300 千克的耕地占耕地面积的 9.2%。经过对广灵县地力等级的评价得出，49.35 万亩耕地以全部种植粮食作物计，其粮食最大生产能力为 15.9 万吨，平均单产可达 322 千克/亩，全县耕地仍有很大生产潜力可挖。

纵观广灵县近年来的粮食、油料作物、蔬菜的平均亩产量和全县农民对耕地的经营状况，全县耕地还有巨大的生产潜力可挖。如果在农业生产中加大有机肥的投入，采取测土配方施肥和科学合理的耕作技术，全县耕地的生产能力还可以提高。从近几年玉米、谷子、马铃薯测土配方施肥观察点经济效益的对比来看，配方施肥区较习惯施肥区的增产率都在 15%以上。如果能进一步提高农业投入比重，提高劳动者素质，下大力气加强农业基础建设，特别是农田水利建设，稳步提高耕地综合生产能力，实现农林牧的有机结合，就能提高粮食产量，增加农民经济收入。

（二）不同时期人口、食品构成粮食需求分析预测

农业是国民经济的基础，粮食是关系国计民生和国家自立与安全的特殊产品。从新中国成立初期到现在，全县人口数量、食品构成和粮食需求都在发生着巨大变化。新中国成立初期居民食品构成主要以粮食为主，也有少量的肉类食品，水果、蔬菜的比重很小。随着社会进步，生产的发展，人民生活水平逐步提高。到 20 世纪 80 年代初，居民食品构成依然以粮食为主，但肉类、禽类、油料、水果、蔬菜等的比重均有了较大提高。到 2015 年，居民食品构成中，粮食所占比重有明显下降，肉类、禽蛋、水产品、豆制品、油料、水果、蔬菜、食糖所占比重大幅提高。

粮食是人类生存和社会发展最重要的产品，是具有战略意义的特殊商品，粮食安全不仅是国民经济持续健康发展的基础，也是社会安定、国家安全的重要组成部分。近年来，随着农资价格上涨，劳动力成本的上升，种粮效益低等因素影响，农民种粮积极性不高，农村青壮年劳力相继外出打工，在村务农者多为老弱病残，农村劳动力素质难以提高，致使全县粮食单产徘徊不前。所以，必须对全县的粮食安全问题给予高度重视。

随着人口的不断增加和居民生活水平的逐步提高，人们对食品需求的结构产生了巨大的变化，对粮食供给产生了巨大的压力。而粮食生产还存在着巨大的增长潜力，随着政策、制度的逐步完善和资本、技术、劳动投入的增加，生产条件的逐步改善，广灵县粮食增产潜力还有很大的空间，粮食供需最终将实现基本平衡。

三、耕地资源合理配置意见

在确保粮食生产安全的前提下，优化耕地资源利用结构，合理配置其他作物占地比例。为确保粮食安全需要，对广灵县耕地资源进行如下配置：广灵县现有 49.35 万亩耕地中，其中 31 万亩用于种植粮食，以满足全县人口粮食需求，其余 18.35 万亩耕地用于蔬菜、瓜果、薯类、油料等作物生产，其中瓜菜地 5 万亩，占用耕地面积 10.1%；油料 4 万亩，占用 8.1%；薯类占地 6 万亩，占用 12.2%；其他作物占地 3.35 万亩。

根据《土地管理法》和《基本农田保护条例》划定全县基本农田保护区，将水利条件、土壤肥力条件好，自然生态条件适宜的耕地划为口粮和国家商品粮生产基地，长期禁止开发占用。在耕地资源利用上，必须坚持基本农田总量平衡的原则。一是建立完善的基本农田保护制度，用法律保护耕地；二是明确各级政府在基本农田保护中的责任，严控占用保护区内耕地，严格控制城乡建设用地；三是实行基本农田损失补偿制度，实行谁占用、谁补偿的原则；四是建立监督检查制度，严厉打击无证经营和乱占耕地的单位和个人；五是建立基本农田保护基金，县政府每年投入一定资金用于基本农田建设，大力挖潜存量土地；六是合理调整用地结构，用市场经营利益导向调控耕地。

同时，在耕地资源配置上，要以粮食生产安全为前提，以农业增效、农民增收的目标，逐步提高耕地质量，调整种植业结构，推广优质农产品，应用优质高效，生态安全栽培技术，提高耕地利用率。

第二节　耕地地力建设与土壤改良利用对策

一、耕地地力现状及特点

2009 年，广灵县被确定为国家测土配方施肥补贴项目县，经过 2009—2011 年 3 年的调查分析，共采集和评价耕地土壤样点 4 100 个，基本查清了全区耕地地力现状与特点。

通过对广灵县土壤养分含量的分析得知：全县土壤以壤质土为主，全县土壤养分状况偏低，土壤有机质含量平均为 11.11 克/千克，属省四级；全氮平均 0.70 克/千克，属省四级；有效磷含量平均 8.38 毫克/千克，属省五级；速效钾含量平均 113.11 毫克/千克，属省四级。中、微量元素养分含量铜较高，除硼属于五级，其余均属四级水平。

（一）耕地土壤养分含量不断提高

从这次调查结果看，广灵县耕地土壤有机质含量为 11.11 克/千克，属省四级水平，与第二次土壤普查的 9.2 克/千克相比增加了 2.09 克/千克；全氮平均含量为 0.70 克/千克，属省四级水平，与第二次土壤普查的 0.7 克/千克相比持平；有效磷平均含量 8.39 毫克/千克，属省四级水平，与第二次土壤普查的 9.6 毫克/千克相比降低了 1.21 毫克/千克；速效钾平均含量为 111.15 毫克/千克，属省四级水平，与第二次土壤普查的平均含量 55.08 毫克/千克相比提高了 56.07 毫克/千克。

（二）土地资源丰富，适合农牧业发展

广灵县耕地资源比较丰富，人均耕地 2.68 亩，高于山西省人均耕地的 2.15 亩的平均水平。丰富的土地资源是广灵县农业生产的基础，适宜农牧业发展，生产潜力巨大。其中发育于黄土及黄土类物质上的土壤，面积 25 万亩，占耕地面积的 51%，为优良的农业土壤，是广灵县的粮食、蔬菜生产基地。发育于洪积和残积物母质的土壤，面积 6.7 万亩，占耕地面积的 13.5%，是广灵县的优质杂粮区。

（三）平川面积大，土体多以通体型构型为主

据调查，广灵县平川主要分布在河流阶地、一级、二级阶地、山前倾斜平原上，其地势平坦，土层深厚，其中大部分耕地坡度小于 3°，这部分耕地宜粮宜菜，十分有利于现代化农业的发展。

（四）土壤污染轻

广灵县土壤除极少部分为轻微污染外，绝大部分耕地没有受到污染，符合国家绿色环境标准，井水全部符合农田灌溉标准。

二、存在主要问题及原因分析

（一）中低产田面积较大

据调查，广灵县共有中低产田面积 38.97 万亩，占耕地总面积 78.97%，按主导障碍因素，共分为干旱灌溉型、坡地梯改型和瘠薄培肥型三大类型，其中坡地梯改型 132 750.48亩，占耕地总面积的 26.90%；干旱灌溉型 126 847.03 亩，占耕总面积的 25.70%；瘠薄培肥型 130 139.66 亩，占耕地总面积的 26.37%。

中低产田面积大，类型多。主要原因：一是自然条件恶劣。广灵县地形复杂，山、川、沟、垣、壑俱全，水土流失严重；二是农田基本建设投入不足，中低产田改造措施不力；三是农民耕地施肥投入不足，尤其是有机肥施用量仍处于较低水平。

（二）水土流失严重，土壤生态环境不良

广灵县土壤以轻壤、沙壤为主，土质疏松、透气透水性强，抗侵蚀力弱，春天易受到风蚀，夏季雨后易形成地表径流而造成水蚀，加之植被覆盖率低和生态环境遭到破坏，水土流失十分严重，流失面积占全县总面积的 35.5%。

（三）土壤贫瘠，耕地生产率低

广灵县农业主要以旱作为主，历来是靠天吃饭，耕作技术原始，经济效益较差，平川地、沟坝地化肥用量还可以保证，丘陵耕地化肥用量很少，仅为平川中高产田的 1/3 或更低，边远山区甚至白茬下种的“清洁地”“卫生地”大量存在，低投入、低产出的生产经营模式较为普遍，特别是在丘陵的坡耕地上，产量不足 75 千克/亩。

（四）农林牧比例失当

没有坚持适宜种植原则，不能宜林则林，宜牧则牧，以致水土流失严重，欲速则不达。

（五）施肥结构不合理

作物每年从土壤中带走大量养分，主要是通过施肥和作物秸秆还田来补充。因此，施

肥直接影响到土壤中各种养分的含量。近几年在施肥上存在的问题，突出表现在“三重三轻”：第一，重特色产业，轻普通作物；第二，重复混肥料，轻专用肥料；第三，重化肥使用，轻有机肥使用。

（六）用地多，养地差

近年来，随着农资价格上涨，劳动力成本的上升，种粮效益低等因素影响，农民种粮积极性不高，耕作管理粗放，大多采取连夺式经营，地力消耗严重，难以恢复元气。

三、耕地培肥与改良利用对策

（一）多种渠道提高土壤肥力

1. 增施有机肥　近年来，由于农家肥来源不足和化肥的发展，广灵县耕地有机肥施用量不够。可以通过以下措施加以解决：①广种饲草，增加畜禽，以牧养农。②种植绿肥，种植绿肥是培肥地力的有效措施，可以采用粮肥间作或轮作制度。③秸秆还田。秸秆还田是目前增加土壤有机质最有效的方法。在广灵县由于气温低，降水量少，作物秸秆腐熟较慢，应尝试秸秆粉碎还田的办法。

2. 合理轮作，挖掘土壤潜力　不同作物需求养分的种类和数量不同，根系深浅不同，吸收各层土壤养分的能力不同，各种作物遗留残体成分也有较大差异。因此，通过不同作物合理轮作倒茬，保障土壤养分平衡。要大力推广粮、油轮作，玉米、大豆立体间套作等技术模式，实现土壤养分协调利用。

（二）巧施氮肥

速效性氮肥极易分解，通常施入土壤中的氮素化肥的利用率只有25%～40%，或者更低。这说明施土壤中的氮素，挥发渗漏损失严重。所以，在施用氮肥时，一定注意施肥量、施肥方法和施肥时期，科学施肥，提高氮肥利用率，减少损失。

（三）重施磷肥

广灵县地处黄土高原，属石灰性土壤，土壤中的磷常被固定，而不能发挥肥效。加上长期以来群众重氮轻磷，作物吸收的磷得不到及时补充。试验证明，在缺磷土壤上增施磷肥增产效果十分明显，施磷肥时尽可能与农家肥混施，减少磷肥与石灰性土壤的直接接触，减少磷素的固定，提高磷素的活力。

（四）因地施用钾肥

广灵县土壤中钾的含量虽然在短期内不会成为限制农业生产的主要因素，但随着农业生产进一步发展和作物产量的不断提高，土壤中速效钾的含量也会处于不足状态。所以，在生产中，定期监测土壤中钾的动态变化，及时补充钾素。

（五）重视施用微肥

微量元素肥料，作物的需要量虽然很少，但对提高产品产量和品质、却有大量元素不可替代的作用。据调查，广灵县土壤硼、锌、铁等含量均不高，近年来蔬菜施硼，玉米施锌，增产效果很明显。

（六）因地制宜，改良中低产田

广灵县中低产田面积比较大，提高中低产田的地力水平，对于提高全县耕地质量至关重要。因此，从实际出发，采用工程措施、农艺措施、化学措施相结合的办法，综合治理提高耕地质量。同时优化调整农业内部结构，宜农则农，宜林则林，宜牧则牧，逐步培肥耕地地力，实现农业可持续发展。

第三节　农业结构调整与适宜性种植

改革开放以来，广灵县的农业和农村经济取得了突出的成绩，但是由于受自然地理环境的限制，干旱严重，土壤肥力低，抗灾能力差，农业生产结构不合理等问题仍十分严重。特别是“十五”以来，广灵县农业发展进入受资源和市场双重约束的新阶段后，农产品价格持续低迷，农业生产效益低，农民收入增长缓慢。为了适应新阶段变化的要求，应进一步以市场为导向对全县的农业结构现状进行新的战略性调整，着力提高农产品产量和改善农产品品质，发展高产优质高效农业。着眼长远，通过综合开发利用和保护国土资源，改善生态环境，提高广灵县农业综合效益和适应市场的综合能力，实现农业增长方式的转变，保证粮食生产能长期稳定持续发展。

一、农业结构调整的原则

为适应市场经济和现代农业发展的需求，以生产优质高产高效绿色农产品为目标，在全县农业结构调整中应因地制宜，因势利导，遵循以下几条原则。

（1）坚持市场导向，提高农产品竞争原则。

（2）充分利用耕地资源评价成果，采取因地制宜，比较优势的原则。

（3）保障粮食生产安全，提高耕地生产能力原则。

（4）优化种植结构提高农业效益原则。

（5）保护和改善生态环境采取协调发展原则。

二、农业结构调整的依据

目前，广灵县种植业结构布局现状是在长期耕作实践基础上，结合市场经济规律和农民生活需要，逐步自发调整而成的。也可以说是市场经济和小农经济有机结合的结果。通过本次耕地地力调查与质量评价，依据现实评价成果，查找问题，挖掘调整潜力，综合分析后，认识到目前的种植业布局还存在许多问题，需要在区域内进行深层次调整，充分发挥区域内的优势，进一步提高农业生产力和农业经济效益。在种植业结构战略性调整中，依据不同地貌类型不同土壤类型耕地的综合生产能力和土壤环境质量两大因素，确定以下调整依据。

（1）按照不同地貌类型及不同土壤类型，因地制宜，合理规划。在农业区域布局上，宜农则农，宜林则林，宜牧则牧。

（2）按照耕地地力评价的地力等级标准，以及在各个地貌单元中所代表面积的众数值衡量，以适宜作物发挥最大生产潜力来布局，将高产高效作物布置为一至五级耕地，合理改良利用中低产田，提高中低产田的生产能力。

（3）按照土壤环境质量评价结果，结合面源污染和点源污染土壤分布和污染程度，确定绿色、无公害农产品的区域性布局。加大未污染区域的环境保护力度；重点污染区域要限期消除污染，并对土壤污染区域采取有效的降解措施；对严重污染并无法消除的耕地要放弃耕种，转作其他用途。

三、土壤适宜性及主要限制因素分析

在种植业布局中，应充分考虑各区域的自然条件、经济条件，合理利用自然资源，对布局中遇到的各种限制因素应考虑它影响的范围和改造的可行性，合理布局农业生产，最大限度地发掘耕地的生产潜力，做到地尽其力。

根据广灵县耕地地貌和地力状况，将全县耕地划分为四大区域。

（一）平川区

1. 分布区域　本区多属壶流河阶地，为冲积平原，分布于冲积平原下部。范围较大，东与河北省蔚县连成一川。海拔为 930～1 100 米，地势平坦，土地肥沃，是广灵县优势农产品主产区。包括南村镇、作疃乡、壶泉镇、加斗乡、蕉山乡、宜兴乡以及壶泉河两岸，农业经济比较发达。

2. 耕地质量限制及障碍因素　本区地势平坦，田园化水平高，土层深厚土壤质地适中，地力水平较高，土壤有机质平均为 11.63 克/千克，全氮 0.73 克/千克，有效磷 8.42 毫克/千克，速效钾 117.79 毫克/千克，土壤熟化度好，土体疏松，通透性好。光热资源丰富，农业灌溉条件优越，保浇率达 70%以上，是广灵县粮食主产区。主要问题是土壤肥力不高，后劲不足。

（二）黄土丘陵区

1. 分布区域　位于县境北部，包括蕉山、梁庄、斗泉乡的一部分，海拔多为 1 200～1 500 米。壶流河以北黄土丘陵区呈现沟壑纵横，支离破碎独特的地貌景观。黄土覆盖层厚达几米至几十米，土壤母质多为马兰黄土，土地贫瘠，土壤类型为褐土。

2. 耕地质量限制及障碍因素　土层深厚，质地较轻，易耕易种，土体结构好，水、肥、气、热协调供应。有机质平均为 11.11 克/千克，全氮 0.70 克/千克，有效磷 8.21 毫克/千克，速效钾 108.98 毫克/千克。主要问题是气候干旱，年均降水量 400 毫米左右，农业灌溉设施差，属于典型的雨养农业区。土壤侵蚀较重，土壤养分含量不足。土壤氮、磷含量低。该区应大力推广旱作节水和节水灌溉技术。

（三）洪积扇区

1. 分布区域　主要分布在边山峪口前，包括加斗乡、宜兴乡、作疃乡、南村镇等乡（镇）地带，大的洪积扇连成洪积裙，进而形成山前倾斜平原，海拔为 1 100～1 200 米。多与壶流河阶地相接。

2. 耕地质量限制及障碍因素　地势平坦，土层深厚，水肥条件较好，有利于发展农业，土壤有机质含量平均为 12.06 克/千克，全氮 0.74 克/千克，有效磷 9.07 毫克/千克，速效钾 115.55 毫克/千克。

（四）土石山区

1. 分布区域 位于西部、南部和北部的部分地区，包括望狐乡、南村镇、宜兴乡、斗泉乡和梁庄乡的一部分。海拔多为1 300～2 300米，土壤母质为坡积、残积，土层薄而多石快。

2. 耕地质量限制及障碍因素 本区山高坡陡沟深，具有山峦重叠、峻岭峡谷的特征。土层薄而多石块，地势高地不平，土层深厚，水肥条件较差。

四、种植业布局分区建议

根据广灵县种植业布局分区的原则和依据，结合本次耕地地力调查与质量评价结果，综合考虑各分区的气候环境条件、耕地土壤的优势和限制因素以及绿色农产品生产目标，全县种植业布局规划如下。

（一）玉米蔬菜高产区

该区包括广灵县的平川区及洪积扇区主要有南村镇、作疃乡、壶泉镇、加斗乡、蕉山乡、宜兴乡等乡（镇）。

1. 区域特点 该区位于广灵县中部，地势平坦、水源丰富，有清洪水灌溉条件，土壤肥力和耕作水平较高，人口稠密，交通便利，是全县主要的粮食和蔬菜产区。

2. 作物布局 应充分利用本区丰富的光热资源，充分发挥耕地肥沃，地势平坦的优势，优化耕作制度，以玉米商品化生产和蔬菜无公害生产为重点，发展特色大田蔬菜和保护地蔬菜。发展商品粮基地，以种植玉米为主，适当发展大棚四季菜。蔬菜重点发展外向型的青椒、架豆、甘蓝、番茄。

3. 主要保障

（1）加大土壤培肥力度，增施有机肥，全面推广多种形式秸秆还田，以增加土壤有机质，改良土壤理化性状。

（2）注重作物合理轮作，坚决杜绝多年连茬的习惯。

（3）全力搞好基地建设，通过标准化建设、模式化管理、无害化生产技术应用，使基地取得明显的经济效益和社会效益。

（二）黄土丘陵玉米、谷黍杂粮生产区

本区包括位于县境北部，包括蕉山、梁庄、斗泉乡的一部分。

1. 区域特点 呈现沟壑纵横，支离破碎独特的地貌景观。黄土覆盖层厚达几米至几十米，土壤母质多为马兰黄土，土地贫瘠。水土流失相当严重，本区梁峁交错、沟壑纵横，自然植被稀疏，土地不平，土壤类型为褐土性土，土体深厚而干燥，养分含量不高，但光热资源丰富。

2. 作物布局 本区长期的种植习惯是种类多样化，以当地百姓生活所需为目的，商品生产意识淡薄。立足当地的气候条件和生态环境，充分利用现代旱作节水技术，发展旱地小杂粮、向日葵。旱地玉米应推广地膜覆盖种植技术和良种的应用，提高单位面积产量。建立广灵县小杂粮特色农产品品牌，提高农产品竞争力。

3. 主要保障

（1）加强林木更新管理，发展乔、灌、草复合植被，防止水土流失。

（2）增施有机肥，加厚耕作层，用地养地乡结合，建设杂粮、油料基地。

（3）积极推广旱作节水技术和高产综合技术，提高科技含量。

（三）土石山杂粮区

位于西部、南部和北部的部分地区，包括望狐、南村、宜兴、斗泉乡和梁庄乡的一部分。海拔多为 1 300～2 300 米，土壤母质为坡积、残积，土层薄而多石快。

1. 区域特点　本区山高坡陡沟深，具有山峦重叠，峻岭峡谷的特征。土壤母质为坡积、残积，土层薄而多石快。土体干燥，养分含量不高光热资源缺乏。

2. 作物布局　根据本区气候、土壤和耕地地力水平等特点，本区种植应以马铃薯、小杂粮和油料相结合为原则，利用该区生产的马铃薯病害少，品质好，走绿色农业发展道路。应大力推广地膜覆盖和马铃薯脱毒种薯技术，杂粮以谷黍、荞麦为主油料以向日葵、胡麻为主。

3. 主要保障

（1）修筑水平梯田，垒堰打埂，建设基本农田。加厚耕作层，增施有机肥，培肥地力。

（2）退耕还林还草，增加土地植被，控制水土流失，保土、保肥、保水。

（3）实行粮草轮作、粮豆轮作，以草养地、以豆养地。

五、农业远景发展规划

广灵县农业远景发展规划，要结合县情，立足农业可持续发展，进一步调整和优化农业结构，建立和完善全区耕地质量管理信息系统，随时服务于布局调整，从而有力促进全县农业经济快速发展。重点抓好种植业和土地利用结构调整，确保耕地生产能力稳步提高，实现耕地质量动态平衡。

（一）发展目标

到 2020 年，广灵县战略构想是在 10 年内通过“两步走”，使全县人均农业总产值等主要经济指标达到全省中等水平。第一步至 2015 年，农民人均占有耕地 2.6 亩，人均粮食占有量 450 千克，农民人均纯收入达到 6 600 元；第二步至 2020 年，农民人均占有耕地 2.4 亩，人均占有粮食 450 千克，农民人均纯收入 9 600 元。

（二）长远规划思路

到 2020 年，广灵县农业发展水平、发展目标、发展潜力得到进一步提高，通过实施优质小杂粮、畜牧业、食用菌和蔬菜、林果业四大产业发展战略，实现龙头企业＋基地＋农户、农贸市场＋基地＋农户、公司＋合作社＋农户的产业化新格局。建成农村经济繁荣、社会进步、生活富裕、山川秀丽、环境优美的美好家园。

发展优质小杂粮业。到 2020 年，广灵县计划发展“东方亮”谷子、苦荞、马铃薯、豆类等小杂粮种植面积达 15 万亩，发展现代农业示范园区 20 个，充分利用当地区域优势，做大做强优质杂粮产业，发展现代化、标准、规模化的种植加工园区以带动全县杂粮生产快速健康规模化发展，打造新型现代化杂粮业。

发展畜牧产业。到2020年，畜牧业建设新增奶牛、肉羊、肉牛、画眉驴、生猪、鸡等养殖区100个，现代养殖示范区20个，发展规模健康养殖，建设标准化、规模化的养殖园区，建设资源节约、环境友好、人与自然和谐、以人为本的健康型畜牧业，建设循环经济可持续发展的新型现代畜牧业。

发展食用菌蔬菜产业。到2020年发展以黄花菜、食用菌为主的种植加工现代农业示范园区14个，利用广灵得天独厚的自然条件和当地栽培黄花菜悠久历史发展黄花种植2万亩，建设园区1个，利用效益高、营养全、销路好大力发展食用菌产业，实现“双万工程”，建设食用菌园区10个，建设特色蔬菜园区3个。

发展林果业。到2020年林业建设规模达46万亩，发展仁用杏、文冠果为主的干果经济林10万亩，建设现代农业示范园区4个，活林木蓄积量达94万立方米，80个村庄实现园林绿化，发展观光采摘园6个，达到现代农业示范区标准。

发展市场贸易。在县域附近打造5个以农产品交易市场为主体的市场流通园区，以全面搞活农产品交流。

实施农产品加工“513”工程。到2020年实现省级梯次单位6个，市级梯次单位10个，县级梯次单位12个，发展加工园区4个，实现年产值达10亿元。

到2020年，广灵县经济实现持续、快速、健康发展，全县地区生产总值年均增长8%左右，脱离贫困县。在巩固以优质小杂粮、畜牧业、食用菌和蔬菜、林果业四大产业龙头的高效、特色农业等传统主导产业的基础上，以旅游、农产品为龙头的服务业，成为县域经济发展重要的新生力量。新型能源产业和新型材料产业成为工业主导，资源与环境协调发展的园区式工业生产格局基本形成。第二、三产业比重上升，县域经济大幅增长，为农村基础设施条件改善、社会事业发展、村民生活水平改善、农村社会文明和谐等的建设和实现提供坚实的物质基础。

总之，经过努力，广灵现代农业示范区将建成主导产业拥有现代生产方式、现代经营机制、现代运作模式、现代组织体系的大产业化格局。示范区总体目标基本实现，畜牧、蔬菜、食用菌、林果产业、龙头企业、新型物流业态达到全省一流。牧业产值占农业总产值比重达到60%以上，农业科技贡献率55%以上，农产品加工包装转化率50%以上，农民组织配套、灌溉水利用率进一步提高，生态建设、林业建设、道路建设、信息网络建设得到全面提升，农业综合生产能力比2010年提高60%以上，农业综合效益比2010年翻一番。农民人均纯收入配置、生态环境改善、可持续发展的新型示范区。

第四节　测土配方施肥系统的建立与无公害农产品生产

一、养分状况与施肥现状

（一）全县土壤养分状况

根据广灵县耕地质量评价结果显示，全县耕地土壤有机质平均含量为11.13克/千克，全氮0.70克/千克，有效磷8.41毫克/千克，速效钾113.35毫克/千克，土壤微量元素养分含量分别为：有效铜0.93毫克/千克，有效锌0.96毫克/千克，有效锰8.43毫克/千克，有效铁 6.21 毫克/千克，有效硼 0.63 毫克/千克，含量处于全省四级。

（二）全县施肥现状

通过对 300 户农户施肥情况调查发现：玉米亩施碳酸氢铵 100 千克、过磷酸钙 40 千克的户数占 65%，亩施其他复合肥的户数占 45%，玉米中期进行追肥（尿素或碳酸氢铵）的户数仅占 28%。施用有机肥的户数占 52%，近几年，随着产业结构调整和无公害农产品生产的发展，全县施肥状况逐渐趋向科学合理。全县有机肥施用总量为 50 万吨，平均亩施农家肥 1 000 千克，其中菜田亩施农家肥 2 000 千克。2012 年全县施用化肥（折纯量）7 025 吨，其中，氮肥 4 144 吨，磷肥 1 775 吨，钾肥 532 吨，复合肥 574 吨。按农作物总播面积计算，全县平均亩施用化肥 15 千克。

二、存在问题及原因分析

1. 有机肥用量少　20 世纪 70 年代以来，随着化肥工业的发展，化肥高浓缩的养分、低廉的价格、快速的效果得到广大农民的青睐，化肥用量逐年增加，有机肥的施用则增速缓慢，进入 20 世纪 80 年代，由于农民短期承包土地思想的存在，重眼前利益，忽视长远利益，重用地，轻养地。在施肥方面重化肥施用，忽视有机肥的投入，秸秆还田率不足 5%，人畜粪尿和绿肥沤制大量减少，不仅使养分浪费，同时人畜粪尿也污染了环境和地下水源，造成了有机肥和无机肥施用比例严重失调。

2. 肥料三要素（N、P、K）施用比例失调　第二次土壤普查后，广灵县根据普查结果，对缺氮少磷钾有余的土壤养分状况提出氮、磷配合施用的施肥新概念，农民施用化肥由过去的单施氮肥转变为氮磷配合施用，对全县的粮食增产起到了巨大的作用。但是在一些地方由于农民对作物需肥规律和施肥技术认识和理解不足，存在氮磷施用比例不当的问题，有的由单施氮肥变为单施磷肥，以磷代氮，造成磷的富集，土壤有效磷高达 40～50 毫克/千克，而有些地块有效磷低于 5 毫克/千克，极不均匀。10 多年来，土壤养分发生了很大变化，土壤有效磷增幅很大，一些中高产地块土壤速效钾由有余变为欠缺。根据 2009 年广灵县化肥销量计算，全县 $N : P_2O_5 : K_2O$ 使用比例仅为 1∶0.3∶0.13，极不平衡。这种现象造成氮素资源大量消耗，化肥利用率不高，经济效益低下，农产品质量下降。

3. 化肥用量不当

（1）大田化肥施用不合理：在大田作物施肥上，注重高产水地的高投入高产出，忽视中低产田的投入，据调查水地亩均纯氮投入为 15～20 千克，而旱地和低产田则投入很少，甚至无肥下种，只有在雨季进行少量的追肥（氮肥）。因而造成高产田块肥料浪费，而中低产田产量肥料不足，产量不高。这种不合理的化肥分配，直接影响化肥的经济效益和无公害农产品的生产。

（2）蔬菜地化肥施用超量：蔬菜是当地的一种高投入高产出的主要经济作物。农民为了追求高产，在施肥上盲目加大化肥施用量。据调查，菜亩纯氮素投入最高可达 40 千克，而磷肥、钾肥相对使用不足。这一做法虽然在短期内获得了高产和一定的经济效益，但也导致了土壤养分比例失调，氮素资源浪费，土壤环境恶化，蔬菜的品质下降，如品位下降、不耐储存、易腐烂、亚硝酸盐超标等。

4. 化肥施用方法不当

（1）氮肥浅施、表施：在氮肥施用上，农民为了省时、省力，将碳酸氢铵、尿素撒于地表，然后再翻入土中，用旋耕犁旋耕入土，有时追施化肥时将氮肥撒施地表，氮肥再地表裸露时间太长，极易造成氮素挥发损失，降低肥料的利用率。

（2）磷肥撒施：由于大多数农民对磷肥的性质了解较少，普遍将磷肥撒施、浅施，造成磷素被固定和作物吸收困难，降低了磷肥利用率，使当季磷肥效益降低。

（3）复合肥料施用不合理：20 世纪 80 年代初期，由于土壤极度缺磷，在各种作物上施用美国复合肥磷酸二铵后表现了大幅度的增产，使老百姓在认识上产生了一个误区：美国磷二铵是最好的肥料。随着磷肥的大量使用，土壤有效磷含量明显提高，全县土壤有效磷含量从 20 世纪 80 年代的 3～5 毫克/千克增加到目前的近 10.0 毫克/千克。美国磷二铵的养分结构已不能适合目前土壤的养分状况，但农民还把磷二铵单独使用，造成了磷素资源的浪费。

（4）钾肥使用比例过低：第二次土壤普查结果表明，广灵县耕地土壤速效钾含量较高，能够满足作物生长的需要，但近 10 多年来大多数耕地只施用氮、磷两种肥料，随着耕地生产能力的提高，土壤速效钾素被大量消耗，而补充土壤钾素的有机肥用量却大幅度减少，导致了土壤速效钾含量降低，影响作物特别是喜钾作物的正常生长和产量提高。

三、测土配方施肥区划

（一）目的和意义

根据广灵县不同区域地貌类型、土壤类型、养分状况、作物布局、当前化肥使用水平和历年化肥试验结果进行统计分析和综合研究，按照全县不同区域化肥肥效规律，分区划片，提出不同区域氮、磷、钾化肥适宜的品种、数量、比例以及合理施肥的方法，为全县今后一段时间合理安排化肥生产，分配和使用，特别是为改善农产品品质，因地制宜调整农业种植布局，发展特色农业，保护生态环境，

促进农业可持续发展提供科学依据，进一步提高化肥的增产、增效作用。

（二）分区原则与依据

1. 原则

（1）化肥用量、施用比例和土壤类型及肥效的相对一致性。

（2）土壤地力分布和土壤速效养分含量的相对一致性。

（3）土壤利用现状和种植区划的相对一致性。

2. 依据

（1）农田养分平衡状况及土壤养分含量状况。

（2）作物种类及分布。

（3）土壤地力分布特点。

（4）化肥用量、肥效及特点。

（5）不同区域对化肥的需求量。

（三）分区和命名方法

测土配方施肥区划分为两级区。一级区反映不同地区化肥施用的现状和肥效特点。二级区根据现状和今后农业发展方向，提出对化肥合理施用的要求。一级区按地名＋主要土壤类型＋氮肥用量＋磷肥用量＋钾肥肥效相结合的命名法。氮肥用量按每季作物每亩平均施N量划分为高量区（12千克以上）、中量区（7～12千克）、低量区（5～7千克）、极低量区（5千克以下）；磷肥用量按每季作物每亩平均施用P_2O_5量划分为高量区（7千克以上）、中量区（3.5～7千克）、低量区（1.5～3.5千克）、极低量区（1.5千克以下）；钾肥肥效按每千克K_2O增产粮食千克数划分为高效区（6千克以上）、中效区（4～6千克）、低效区（2～4千克）、未显效区（2千克以下）。二级区按地名地貌＋作物布局＋化肥需求特点的命名法命名。根据农业生产指标，对今后氮、磷、钾肥的需求量，分为增量区（需较大幅度增加用量，增加量大于20%），补量区（需少量增加用量，增加量小于20%），稳量区（基本保持现有用量），减量区（降低现有用量）。

（四）分区概述

根据以上分区原则、依据和方法和全县地貌、地型和土壤肥力状况，按照化肥区划分区标准和命名方法，将全县测土配方施肥区划分为4个主区（一级区），6个亚区（二级区）。

1. 壶泉河南岸褐土性土区　氮肥中量磷肥中量钾肥中效区分布在县中、东部，包括南村镇、作疃乡、壶泉镇、加斗乡、宜兴乡。

（1）平川玉米稳氮稳磷补钾区：

①分布面积及土壤属性。南村镇，作疃南部、壶泉镇南部、蕉山乡南部、宜兴乡、加斗乡。本区多属于河流一级、二级阶地、高河漫滩；母质：冲积母质、洪积母质、黄土质母质、灌淤母质等；土壤类型：黄土质褐土性土、冲积褐土性土潮土、洪积褐土性土、硫酸盐盐化潮土、冲积潮褐土、冲积潮土、苏打盐盐化潮土；本县土壤肥力最高的区域，灌溉条件好、灌溉保证率90%、施肥水平较高，地势平坦，无霜期较长，可达125～135天，为全县玉米、蔬菜主产区，农业发展水平高，亩产玉米多在600～800千克，蔬菜产量2 500～5 000千克，投入大，产出也多。

②主要特点。该区地理位置优越，围绕在县城南边，农业市场化程度高，商品蔬菜发展迅速，氮磷化肥用量较高，高产玉米地施用纯氮26～30千克/亩，纯磷6～11千克/亩，蔬菜的施肥量甚至更多，钾肥用量相对较少，只是在蔬菜区部分地块有钾肥投入，复合肥也补充一部分。氮、磷、钾比例不太协调，土壤养分丰富，有机质、全氮、有效磷高于广灵县平均值，速效钾相对高产作物来说不是很高。

③对策及建议。通过对本区地理位置，灌溉条件和土壤养分含量状况等综合分析，该区在今后农业生产中应以发展商品蔬菜和高产玉米为主，以设施农业为目标，提高单位耕地的产量、产值和经济效益。施肥上应该减少氮肥，稳定磷肥，增加钾肥和微量元素肥料的使用，尤其盐化潮土，有效锌低于0.50～0.6毫克/千克的耕地，每亩施用纯硫酸锌为1.5～2千克，蔬菜施肥量亩施N为26～30千克，P_2O_5为7～12千克，K_2O为3～4千克；玉米亩产为800～900千克，施N为25～30千克/亩，P_2O_5为8～10千克/亩，K_2O为4～6千克/亩。

（2）南部丘陵杂粮补氮补磷区：

分布在南村镇、宜兴乡的丘陵山区上。有机质 8.1～15.0 克/千克，全氮 0.6～0.91 克/千克，有效磷 3～21 毫克/千克，速效钾 80～187 毫克/千克，地形部位：山区；母质：花岗岩、石灰岩、黄土状、黄土质母质；土壤类型：黄土状石灰性褐土、黄土质褐土性土；土地起伏较大，土壤水土流失严重，无灌溉条件，土壤肥力低下，无霜期较短。主要种植马铃薯、谷黍、豌豆、油料等作物，零星分布玉米。目前施肥水平处于低量或极低量水平，所以氮、磷施用量应普遍达到低量水平，农业发展不高，亩产马铃薯多为 1 000～1 500千克，投入较少，产出也不多。经过综合分析研究，建议该区每亩施 N、P_2O_5、K_2O 分别提高到 9.0 千克、7.7 千克、0.5 千克。

2. 壶泉河北岸褐土性土区 氮肥中量磷肥中量钾肥中效区：分布在县中、东部，包括南村镇、梁庄乡、作疃乡、壶泉镇、斗泉乡。

（1）平川玉米稳氮稳磷补钾区：

①分布面积及土壤属性。南村镇中部、梁庄乡南部、作疃乡北部、壶泉镇北部、蕉山乡中部。本区多属于河流一级、二级阶地、高河漫滩；母质：冲积母质、洪积母质、黄土质母质、灌淤母质等；土壤类型：黄土质褐土性土、冲积褐土性土潮土、洪积褐土性土、硫酸盐盐化潮土、冲积潮褐土、冲积潮土、苏打盐盐化潮土；本县土壤肥力中等的区域，灌溉条件一般、灌溉保证率 65%，地势平坦，无霜期较长，可达 125～135 天，为全县玉米主产区，亩产玉米多为 500～700 千克。

②主要特点。本区地理位置优越，围绕在县城北边，农业市场化程度高，氮磷化肥用量一般，高产玉米地施用纯氮 20～25 千克/亩，纯磷 5～9 千克/亩，钾肥用量相对较少，只是在蔬菜区部分地块有钾肥投入，复合肥也补充一部分。氮磷钾比例不太协调，土壤养分丰富，有机质、全氮、有效磷高于全县平均值，速效钾相对高产作物来说不是很高。

③对策及建议。通过对本区地理位置，灌溉条件和土壤养分含量状况等综合分析，该区在今后农业生产中应以发展高产玉米为主，以设施农业为目标，提高单位耕地的产量、产值和经济效益。施肥上应该稳氮肥，增磷肥，增加钾肥和微量元素肥料的使用，玉米亩产为 600～800 千克，施 N 为 20～25 千克/亩，P_2O_5 为 6～12 千克/亩，K_2O 为4～6 千克/亩。

（2）北部丘陵杂粮补氮补磷区：

分布在梁庄乡、斗泉乡、蕉山乡的丘陵山区上。有机质 6～15.0 克/千克，全氮0.5～0.7 克/千克，有效磷 3～21 毫克/千克，速效钾 80～187 毫克/千克，地形部位：山区；母质：花岗岩、石灰岩、黄土状、黄土质母质；土壤类型：黄土状石灰性褐土、黄土质褐土性土；土地起伏较大，土壤水土流失严重，无灌溉条件，土壤肥力低下，无霜期较短。主要种植马铃薯、谷黍、豌豆、油料等作物，零星分布玉米。目前施肥水平处于低量或极低量水平，所以氮、磷施用量应普遍达到低量水平，农业发展不高，亩产马铃薯多为 1 000～1 500 千克，投入较少，产出也不多。经过综合分析研究，建议该区每亩施 N、P_2O_5、K_2O 分别提高到 9.0 千克、7.7 千克、0.5 千克。

3. 西部栗褐土氮肥低量磷肥低量钾肥中效区 包括望狐乡、南村镇南部。土壤有机质养分平均含量为 10.45 克/千克，全氮养分平均含量为 0.70 克/千克，有效磷养分平均含量为 8.07 毫克/千克，速效钾养分平均含量为 85.47 毫克/千克。主要种植马铃薯、豌豆、莜麦、油料作物等。母质：花岗岩母质、砂页岩母质、黄土质母质、石灰岩母质、灌於母质等，主要土壤类型有：耕栗黄土、栗黄土、淤栗黄土、灰泥质栗黄土、麻沙质栗黄土等。

属土石山区，耕地、灌溉等条件差，人畜吃水困难，该区每季作物每亩平均施纯氮 4.25～8.5 千克，五氧化二磷 3～6 千克。

（五）提高化肥利用率的途径

1. 统一规划，着眼布局　搞好测土配方施肥区划，对广灵县农业生产起着整体指导和调节作用，应用中要宏观把握，明确思路。以地貌类型、土壤类型、肥料效应及行政区域为基础划分的 4 个化肥肥效一级区和 6 个化肥合理施用二级区提供的施肥量是建议施肥量，具体到各区各地因受不同地型部位和不同土壤亚类的影响，在施肥上不能千篇一律，死搬硬套，应以化肥使用区划为依据，结合当地实际情况确定合理科学的施肥量。

2. 因地制宜，节本增效　广灵县地形复杂，土壤肥力差异较大，各区在化肥使用上一定要本着因地制宜，因作物制宜，节本增效的原则，通过合理施肥及相关农业措施，不仅要达到节本增效的目的，而且要达到用养结合，培肥地力的目的，变劣势为优势。对坡度较大的丘陵、沟壑和山前倾斜平原区要注意防治水土流失，实施退耕还林，整修梯田，林农并举。盐碱地应杜绝浅井灌溉，把增施有机肥和使用盐碱地改良材料作为主要措施。

3. 秸秆还田，培肥地力　运用合理施肥方法，大力推广秸秆还田，提高土壤肥力，增加土壤团粒结构，同时合理轮作倒茬，用养结合。有机无机相结合，氮、磷、钾、微肥相结合。

四、无公害农产品施肥技术

无公害农产品是指产地环境，生产过程和产品品质均符合国家有关标准和规程的要求，经认证合格，获得认证证书并允许使用无公害农产品标志的未经加工或初加工的农产品。无公害农产品生产管理技术是当前最先进的农业科学生产技术，它是在综合考虑作物的生长特性、土壤供肥能力和病虫害防治以及其他环境因素的情况下，制订农作物的合理管理方案，以科学的投入，保证作物健壮生长并获得最高产量和优良品质的管理技术。应用此技术可以维持土壤养分平衡，减少滥用化学产品对环境的污染，达到优质、高产、高效的目的。

（一）无公害农产品的施肥原则

1. 养分充足原则　无公害农产品的肥料使用必须满足作物对营养元素的需要，要有足够数量的有机物质返回土壤。

2. 无害化原则　有机肥料必须经过高温发酵，以杀灭各种寄生虫卵、病原菌和杂草种子，使之达到无害化卫生标准。

3. 有机肥料和微生物肥料为主的原则　科学使用有机肥不但能增加作物产量，而且能提高农产品的营养品质、食味品质、外观品质，同时还可以改善食品卫生，净化土壤环境；微生物肥料可以提供固氮、补磷、补钾等多种微生物菌种，提高土壤有益生物活性，微生物活动还能降低地下水和食品中的硝酸盐含量，缓解水体富营养化。

（二）无公害农产品的施肥品种

1. 选用优质农家肥 农家肥是指含有大量生物物质、动植物残体、人畜排泄物、生物废弃物等有机物质的肥料。在无公害农产品的生产中，一定要选用足量的经过无害化处理的堆肥、沤肥、厩肥、饼肥等优质农家肥作基肥，确保土壤肥力逐年提高，满足无公害农产品生产的需要。

2. 选用合格商品肥 在无公害农产品生产过程中使用的商品肥料有精制有机肥料、有机无机复混肥料、无机肥料、腐殖酸类肥料、微生物肥料等，禁止使用含硝态氮的肥料、重金属含量超标的矿渣肥料等。所以，生产无公害农产品时，一定要选用合格许可的商品肥料。

（三）无公害农产品生产的施肥技术

1. 有机肥为主、化肥为辅 在无公害农产品生产过程中一定要坚持以有机肥为主，化肥为辅。要大量增施有机肥，促进无公害农产品生产。为此，要大力发展畜牧业，沤制农家肥；积极推广玉米秸秆还田技术；因地制宜种植绿肥，合理进行粮肥轮作；加快有机肥工厂化生产进程，扩大商品有机肥的生产和应用。

2. 合理调整肥料用量和比例 首先要合理调整化肥与有机肥的施用比例，充分发挥有机肥在无公害农产品生产中的作用；其次要控制氮肥用量，实施补钾工程，根据不同作物、不同土壤合理调整化肥中氮、磷、钾的施用数量和比例，实现各种营养元素平衡供应。特别在蔬菜生产过程中盲目大量施用氮肥，在造成肥料浪费的同时，也降低了蔬菜的品质，污染了农田环境。

3. 改进施肥方法，促进农田环境改善 施肥方法不当，不仅直接影响肥料利用率，影响作物生长和产量，而且会污染农田生态环境。因此，确定合理的施肥方法，以改善农田生态环境是农产品优质化的又一途径。氮素化肥深施，磷素化肥集中施用是提高化肥利用率，减少损失浪费和环境污染的主要措施。因此，首先要大力推广化肥深施技术，杜绝氮素化肥撒施和表施，减少挥发、淋失、反硝化所造成的污染，提高氮素化肥利用率；其次，在有条件的地方变单一的土壤施肥为土施与叶面喷施相结合，以降低土壤溶液浓度，净化土壤环境；再次，适时追肥，化肥用于追肥时，叶菜类最后一次追肥必须在收获前30天进行；另外，实现化肥与厩肥，速效肥与缓效肥，基肥与种肥、追肥合理配合施用，抑制硝酸盐、重金属等污染物对农产品的污染，大力营造农产品优质化的农田环境。

五、不同作物施肥指标体系

优良的农作物品种是决定农作物产量和品质的内因，但能否在生产中实现高产优质，还得依赖于水分、阳光、温度、土肥等外界条件，特别是农作物高产优质的物质基础肥料，起着关键性的保证作用。因此，科学合理的施肥标准对农作物增产丰收有着十分重要的意义。无公害农产品生产施肥总的思路是：以节本增效为目标，立足抗旱栽培，着眼于优质、高产、高效、生态安全，着力提高肥料利用率，采取减氮、稳磷、补钾、配微的原则，在增施有机肥和保持化肥施用总量基本平衡的基础上，合理调整养分比例，普及科学施肥方法。

在本次调查中，针对全县农业生产基本条件，种植作物种类、土壤肥力养分含量状况，结合“3414”田间试验和校正试验结果，制订全县主要作物施肥方案如下。

1. 玉米　高水肥地：亩产为700千克以上，亩施N 15～18千克、P_2O_5 8.0千克、K_2O 5.0千克、硫酸锌1.5千克；中水肥地：亩产为500千克左右，亩施N 8～12千克、P_2O_5 5～6千克、硫酸锌1.5千克；旱地玉米，每亩施N 5.0千克、P_2O_5 4.0千克、K_2O 3.0千克、硫酸锌1.5千克。

2. 蔬菜　叶菜类：白菜、甘蓝等，亩产为3 000～4 000千克，亩施有机肥3 000千克以上、N 15～20千克、P_2O_5 7～9千克、K_2O 5～7千克。果菜类：如番茄、黄瓜、青椒、黄花菜等，亩产为4 000～5 000千克，每亩施有机肥3 000千克、N 20～25千克、P_2O_5 10～15千克、K_2O 10～15千克。

3. 马铃薯　亩产为1 000～1 500千克，每亩施有机肥1 000千克、N 7.0～8.0千克、P_2O_5 4～6千克、K_2O 5～7千克。

4. 豆类　亩产为150千克左右，每亩施N 2.5～3.5千克、P_2O_5 3～4.5千克，每千克豆种用4克钼酸铵拌种播种。

5. 谷子、黍　亩产为200千克，每亩施N 5.0～6.0千克，P_2O_5 4.0千克。

第五节　耕地质量管理对策

耕地是十分宝贵的土地资源，是人类赖以生存的物质基础。广灵县耕地人均数量少、质量水平低，后备资源不足，保护和培肥耕地，具有十分重要的意义。“十分珍惜和合理利用每寸土地，切实保护耕地”是基本国策。耕地的质量管理是农业可持续发展的重要组成部分，主要内容：一是在政策上、制度上、法律上，加强耕地资源的保护和管理，促进全社会对耕地的培肥和投入，使其数量上不致减少，质量上不断提高；二是加强中低产田改造技术和土壤培肥技术的研究，加速耕地的培肥；三是加强耕地的环境保护，减少工业“三废”对土壤的污染。这次耕地地力调查与质量评价成果为全县耕地质量管理提供了依据。

一、建立依法管理体制

（一）工作思路

以发展优质高效、生态安全农业为目标，以提高耕地地力和土地生产能力为核心，以中低产田改良利用为重点，通过调整农业种植结构、增加耕地投入和技术投入、合理配置现有农业用地，提高耕地单位面积产量和种植业的效益，增加农民收入，为全县及周边地区生产出更多更好的农产品。

（二）建立完善行政管理机制

1. 建立依法管理体制制订总体规划　根据这次调查结果，认真分析广灵县土壤存在的主要问题和限制因素，分区制订改良措施，认真研究实施方案和技术标准，全面制订广灵县耕地地力建设规划和中低产田改良利用总体规划。

2. 建立以法保障体系 制订并颁布《广灵县耕地质量管理办法》和《广灵县中低产田改良利用管理办法》，设立专门耕地质量监测管理机构，分区布点、动态监测，建立耕地质量档案和耕地土壤肥力补偿机制，检查检验主要污染区域的土壤污染情况。加强中低产田改造工作，做到谁投资谁受益，保护投资者的利益，促进全县中低产田生产能力的提高及荒地、荒滩的开发利用。

3. 加大资金投入 一是县政府要加大资金支持，县财政每年从农发资金、土地出让金中列支专项资金，用于全县中低产田改造和耕地污染区域综合治理，建立财政支持下的耕地质量信息网络；二是完善土地开发和耕地培肥的市场机制，拓宽中低产田改造的融资渠道，吸引更多的企业、个人和社会各界进行中低产田的改良和开发，依照国家法律，制定地方法规，保证投资人的利益不受侵犯。

（三）加强土壤培肥和土壤改良的技术储备

1. 培肥土壤 农业部门要认真搞好土壤培肥技术的研究和技术引进，搞好土壤培肥技术的推广，组织县、乡农业技术人员实地指导，组织农户广泛开辟肥源，增加有机肥料投入。如秸秆还田、种植绿肥、合理轮作、平衡施肥、客土改良、施用生物菌肥等多种途径培肥土壤，提高耕地土壤肥力和生产能力，使农民增产增收，提高农民增加耕地投入、培肥地力的自觉性和积极性。

2. 改良中低产田 广灵县中低产田面积占到总耕地的78.97%，约38.97万亩，严重制约了全县农村经济的发展和农民收入的提高。必须花大力气，进行中低产田改造。一是瘠薄培肥型土壤，要重点推广旱作农业技术，广泛开辟肥源，增施有机肥，深耕保墒，轮作倒茬，粮草间作，扩大植被覆盖率，达到增产增效目标；提高耕地保水保肥性能，实现增产增效目标；二是干旱灌溉型土壤，要重视水源开发，平田整地，发展灌溉农业和节水灌溉技术；三是坡地梯改型耕地，以新修和整修梯田为主，减少水土流失，同时做好土壤培肥工作。

二、建立和完善耕地质量监测网络

广灵县境内有冶炼、化工、建材、电厂、煤炭运输等污染企业。耕地主要污染元素为镉、铅等，随着全县工业化进程不断加快，工业“三废”对农业的污染日趋严重，建立耕地质量监测网络，加强耕地环境质量监测和环境保护是十分必要和必需的。

（一）政策措施

1. 设立组织机构 耕地质量监测网络建设涉及环保、土地、水利、农业等多个方面，建议县政府协调各部门，由县政府牵头，各职能部门参与，成立依法行政管理机构，建立耕地质量管理档案和主要污染区耕地环境监测档案，强化监测手段，提高行政监测效能。

2. 加大宣传力度 采取多种途径和手段，加大《中华人民共和国环境保护法》宣传力度，大力宣传环境保护政策及环保科普知识，加重排污企业的监测力度和处罚力度，对不同污染企业采取烟尘、污水、污碴分类科学处理转化。对污染严重又难以治理的企业，坚决关停或转产。提高农民的环保意识，杜绝用污水灌溉农田，严禁使用“三高三改”类农药、化肥等，减少土壤污染。

3. 加强农业执法管理 由县农业、环保、质检等行政部门组成联合执法队伍，宣传农业法律知识，坚决打击制造销售禁用农药、化肥和伪劣农资的行为。

（二）技术措施

1. 加强农业环保技术的引进和推广 对工业污染河道及周围农田，采取有效的物理、化学降解技术，降解铅、镉及其他重金属污染物，并在河道两岸50米栽植花草、林木、净化河水，美化环境；对化肥、农药污染农田，要划区治理，积极利用农业科研成果，组成科技攻关组，引进降解剂，逐步减轻和消解农田污染。

2. 应用达标农资 土肥、植保部门要筛选确保农作物优质、安全的化肥、农药，确定广灵县主要推广品种，实行贴标销售，农业部门全面组织推广。同时要加大市场监管力度，查封伪劣产品，减少污染，提高效益。

3. 推广农业综合防治技术 在增施有机肥降解大田农药、化肥及垃圾废弃物污染的同时，积极宣传推广微生物菌肥，改善土壤结构，调节土壤酸碱度，增加土壤的阳离子代换能力，减轻土壤污染对作物的危害；对由于土壤污染严重，影响农产品质量和人民健康的地块或区域，应坚决停止种植蔬菜和粮食作物，可作为植树造林基地或苗木生产基地。

三、扩大无公害农产品生产规模

无公害农产品是指产地农业生态环境良好，同时在生产过程中又按特定的农产品生产技术规程进行生产，并能将有害物质控制在规定的标准内，最后由授权部门审定批准，颁发无公害农产品证书的一种农产品。随着人民生活水平的提高，中国加入WTO，农产品出口逐年增加，在国际农产品质量标准市场一体化的形势下，扩大全县无公害农产品生产，成为满足社会消费需求，增加农民种植业收入的必经之路。

（一）无公害农产品生产的可行性

从这次耕地地力综合评价结果看，广灵县耕地土壤环境质量总体良好，大多数耕地符合绿色食品产地条件和无公害食品生产环境条件。因此，在广灵县选择优良灌溉条件的高养分耕地生产无公害农产品是可行的。

（二）扩大无公害农产品生产规模

根据耕地地力调查与质量评价结果，扩大广灵绿色无公害农产品的生产规模，首先选择无工业污染、农业生产条件较好的乡镇，充分发挥区域优势，合理布局，扶持和发展绿色、无公害农产品。选择典型农户作无公害农产品生产示范，让优先生产无公害农产品的农民和农业生产经营者真正得到实惠，并广泛宣传发展绿色、无公害农产品的重要意义，以点带面逐渐向全县推广。“十二五”期间，一是在瓜菜生产上，发展无公害瓜蔬菜，如青椒、甘蓝、番茄、大葱、西瓜、香瓜等；二是粮食生产上，在平川区乡（镇）发展亩无公害优质玉米、杂粮。

（三）配套管理措施

1. 建立组织保障体系 在广灵县县委、县政府的直接领导下，由广灵县农业委员会牵头成立无公害农产品生产领导小组，组织实施无公害农产品生产项目，负责全县无公害农产品生产过程的监督管理、技术指导、证书申报等工作，列入政府工作计划和经费计划，配备设备和工作人员，制定工作流程，强化监测检验手段，保证无公害农产品的质量。

2. 打造绿色品牌 抓好广灵县“东方亮”小米、白灵菇、黄花菜、露地蔬菜产业品牌建设，加大市场营销宣传，进一步做大做强优势产业。

3. 制定技术规程 要针对无公害农产品基地建设要求，制定无公害农产品生产技术规程并严格按照规程执行，实行标准化生产。施肥上按照技术规程，分区明确施肥品种与标准，按照缺什么补什么、配方高效的原则，因作物、因品种完善方案，把平衡施肥技术具体应用到无公害农产品生产中；病虫害防治上，物理性防治、生物防治和化学防治相结合，优先进行物理生物防治。

4. 建设示范园区 农业部门要在建设无公害农产品基地中，分作物建设中心示范园区，高标准落实技术规程，严格实施科学栽培、平衡施肥、病虫害综合防治、良种应用等农业技术，形成高效增收的示范样板。并作为培训基地，组织农民观摩，用区域种植辐射带动基地建设。

5. 培育龙头企业 积极扩大加工企业的营销体系，延长产业链条，设立信息平台，扩大宣传，组织专业营销队伍，实行产业化经营。

四、加强农业综合技术培训

20 世纪 80 年代，广灵县就初步建起了以县农业技术推广中心为龙头的县、乡、村三级农业技术推广网络，全面负责农业技术培训、农业工程项目的组织与实施、农业新技术的试验、引进和推广等，在全县各乡村设立农业科技试验示范户 1 200 多个，先后开展了玉米、马铃薯、蔬菜等优质高产高效生产技术培训，推广了旱作农业技术、节水灌溉技术、玉米及谷子地膜覆盖、双千创优工程及设施蔬菜“四位一体”综合配套技术，每年培训农民 3 万余人次，技术推广面积 45 万亩次。

近几年，广灵县在旱作农业、测土配方施肥、节水灌溉、水肥一体化生产技术推广已取得明显成效，今后一定要充分利用这次耕地地力调查与质量评价的结果，进一步做好几项技术培训：①加强农业结构调整与耕地资源有效利用的目的及意义；②广灵县耕作土壤存在的主要问题和中低产田改造技术；③耕地地力环境质量建设与配套技术推广；④无公害农产品生产技术操作规程；⑤农药、化肥与农业环境污染及其安全施用技术；⑥农业法律、法规、环境保护相关法律的宣传培训。通过技术培训，使全县农民掌握必要的知识与生产实行技术，推动耕地地力建设，提高农业生态环境、耕地质量环境的保护意识，发挥主观能动性，不断提高全县耕地地力水平，以满足日益增长的人口和物资生活需求，为社会主义新农村建设、为全面建设小康社会打好坚实的基础。

第六节　耕地资源管理信息系统的应用

广灵县耕地地力调查与质量评价是继第一次、第二次土壤普查之后，又一全面系统地调查全县耕地资源现状，并在全国耕地资源管理信息系统的基础上建立了广灵县耕地资源管理信息系统，对耕地资源进行科学评价、科学管理，为合理利用土地资源提供科学依据和决策支持。

耕地资源信息系统以一个县行政区域内耕地资源为管理对象，应用卫星遥感（RS）、全球定位系统（GPS）、田间测量仪器等现代技术对土壤-作物-水体-大气生态系统进行动态监测。应用GIS技术，对辖区内的地形、地貌、土壤、土地利用、农田水利、土壤污染、农业生产基本情况、基本农田保护区等资料进行统一管理，构建耕地资源基础信息系统，并将其数据平台与各类管理模型结合，对辖区内的耕地资源进行系统的动态管理，为农业决策、农民和农业技术人员提供耕地质量动态变化规律、土壤适宜性、施肥咨询、作物营养诊断等多方位的信息服务。

本系统行政单元为，农业单元为基本农田保护块，土壤单元为土种，系统基本管理单元为土壤、基本农田保护块、土地利用现状叠加所形成的评价单元。

一、领导决策依据

系统通过RS、GPS、GIS获得广灵县耕地的各种信息，以耕地资源管理信息系统为平台，把各种信息都储存进去，并对这些信息进行处理、分析、管理，反映县内耕地的利用现状，土壤肥力状况、作物的生长状况。为全县的农业种植区划、合理灌溉、科学施肥技术提供技术指导。广灵县政府及农业有关部门的领导可以利用现有的和不断更新的丰富的信息资源，结合本县的实际情况，做出促进农业生产向高效、优质、可持续发展的科学决策。利用该系统提供的信息对农业生产进行预测，对自然灾害，做出及时的预测、预报，并布置相应的防患措施，利用该系统对农业生产提供指导性建议，为农业综合开发和当地经济发展服务。

二、动态资料更新

耕地资源管理信息系统为业务主管部门提供及时、可靠的耕地资源管理方面的信息，它可将生产者—研究者—决策者有效地联系在一起，形成高效的全县耕地资源管理反应机制。系统管理人员应及时搜集数据，定义数据结构，对数据进行国际化、标准化处理，并按各专业数据库结构要求，提交生产管理所需的各类数据与可供图形数字化的图件。系统管理人员还应对系统数据库进行及时更新，根据县内各种更新的资料及时进行调整，同时定期进行土壤肥力监测，掌握土壤养分的动态变化，为平衡施肥提供最新的依据。依据系统提供的数据，对农业生产进行预测、评价模拟，对农业生产调整提供依据和建议，为领导决策提供依据。

三、耕地资源的合理配置

广灵县是农业生产大县，近年来县委、县政府对农业生产发展十分重视，耕地管理系统为全县的耕地资源进行了评价，为全县耕地资源的合理利用、优化了土地资源配置提供依据。耕地资源的合理配置在农业结构调整和提高种植业生产效益方面发挥着重要作用，在信息化发展的今天，利用 RS、GPS、GIS 对耕地资源进行合理配置的必要性也日趋明显。依靠耕地资源管理系统的相关信息，结合本县的实际情况，利用存储在计算机中的数据，进行科学的处理、分析，对耕地资源的合理配置提出建议，保证耕地资源的合理、高效利用。

四、土、肥、水、热资源管理

应用信息技术管理土、肥、水、热资源时，可以实现农业生产的高效益和资源的合理利用。信息系统应用于养分资源管理，能指导区域性营养要素的合理配置，促进肥料的合理利用。应用这个系统可以起到减少化肥量的使用，提高化肥的利用率。农田灌溉信息系统，可以充分提高水资源利用效率，有效降低投资，进而改善土壤水分状况。耕地资源管理系统随时对土壤热状况进行监测，通过各种仪器获提相应数据，通过计算机分析、评价土壤热状况，并提出指导土壤资源管理具体意见。利用该系统对土、肥、水、热状况进行综合分析，为农业决策者提供依据。

耕地资源管理信息系统在土、肥、水、热管理方面应加强以下工作：一是完善计算机管理决策支持系统，及时进行模拟决策；二是通过进入其他省、县，以致全国和全球的信息网络进行交流；三是通过进入外部的信息网络，广泛获取各种先进的科学技术信息及先进的生产技术，不断提高耕地的生产能力，获取最佳效益。

五、科学施肥体系与灌溉制度的建立

（一）建立科学施肥体系和灌溉制度的意义

广灵县是一个历史悠久的农业生产大县，农业在经济收入中占有重要的地位。近年来随着人民生活水平的提高和人们对食品高质量的要求，农业生产就必须科学、优质、高效。建立科学施肥体系和灌溉制度已成为发展农业生产的必然趋势。

建立一套完整的科学施肥系统和灌溉制度，对农业生产中施肥和灌溉环节予以现实反应，进而分析其原因，并提出可行建议，指导施肥、灌溉。科学施肥即使化肥的施用科学合理，提高肥料的利用率，又不污染地下水；合理的灌溉制度，不但可以提高灌溉水的利用率，又可减少水资源的浪费。科学合理地指导施肥、灌溉，提高农产品产量和品质，促进耕地资源的可持续发展。

（二）科学施肥体系与灌溉制度建立的原则

1. 科学性 施肥、灌溉体系必须建立在科学的基础上，唯有如此才能客观、准确地反映农业生产中施肥、灌溉的现状，并据此提供出可行、科学的施肥、灌溉方案。这就要求该体系的设定要多方面征求意见，集思广益，指导规范，既符合理论，又符合实际情况，具有科学性。

2. 系统性　由于施肥、灌溉与农业生产有着密切联系，而影响施肥、灌溉效应的因素是多方面的，各因素之间也存在着相互联系。所以，必须用系统的科学思想建立这一系统。

3. 引导性　施肥、灌溉系统的建立就是为了服务农业、服务农民，所以系统的建立要以引导农业生产以科学、高效、优质、持续发展为目的。

（三）科学施肥体系与灌溉制度的建立和应用

1. 指导内容　根据科学施肥和合理灌溉的内涵，结合本县不同区域的实际情况，通过对全县施肥、灌溉现状的分析，给予科学的指导。

2. 指导目标　从科学施肥和合理灌溉的原则出发，对农户的施肥、灌溉时间、数量和方法各方面予以指导，以达到既能合理利用资源，培肥土壤，又能提高农产品的品质和产量，保证其可持续发展。

3. 应用　建立系统时要充分收集本县的肥效试验、灌溉试验的数据，对其予以分析、总结，再进入计算机与该系统相结合，得出合理的施肥、灌溉体系，服务于农业生产，为政府做农业发展规划提供科学依据。

六、信息发布与咨询

耕地资源管理信息系统依据其占有大量信息资源的优势，对掌握的耕地现状信息予以及时公布，使决策者、农业生产者能掌握最新的信息，合理应对农业生产中出现的问题。该系统将获得的信息予以处理，作出相应的应对建议，及时向农民通报。将获得的先进技术及时向农民传授，辅助农民发展农业生产。信息中心也应设立农民咨询专线，解决农民在生产中遇到的实际问题，给农民以技术指导和帮助。

综上所述，农业的信息化，已成为促进农业发展的一个重要手段。因此，在耕地资源管理的过程中，必须加快农业信息化的进程，以信息化带动耕地资源管理的科学化，选择一套适合本县实际情况的耕地资源管理模式，实现农业生产跨越式发展。

第七节　耕地质量现状与设施蔬菜标准化生产对策

广灵县是一个典型的传统农业大县，蔬菜种植历史悠久，主要分布在壶泉镇、南村镇、作疃乡等乡（镇），土壤多属栗褐土、潮土，地势平坦，灌溉方便，耕性适中，是发展蔬菜的良好基地。设施蔬菜起步于20世纪80年代。近年来，本县不断推动设施蔬菜向规模化、集约化、标准化、现代化的方向迈进，实现了设施蔬菜建设的新突破。2012年，全县的设施蔬菜，快速发展，设施蔬菜面积发展到8 000亩，仅设施蔬菜收入一项，农民人均增收近1 000元，占农民人均纯收入的24%。

一、设施蔬菜主产区耕地质量现状

本次调查结果显示，设施蔬菜主产区的土壤理化性状如下。

有机质含量为8.81～16.99克/千克，平均为12.21克/千克，属山西省四级水平；全氮含量为0.53～0.93克/千克，平均为0.712克/千克，属山西省四级水平；有效磷含量为3.95～29.85毫克/千克，平均为11.46毫克/千克，属山西省五级水平；速效钾含量为80.4～183.67毫克/千克，平均为142.92毫克/千克，属山西省五级水平；有效硫为19.21～63.41毫克/千克，平均为29.54毫克/千克，属山西省四级水平。微量元素含量铜属省三级水平，锌属山西省四级水平，铁、锰、硼属山西省五级水平，pH平均为8.8。

二、茄科类蔬菜生产技术规程

本规程规定了保护地无公害茄科类蔬菜生产的产地环境条件、产量指标、栽培技术、病虫害防治措施。

本标准适用于广灵县行政区域内高效节能日光温室及其他保护地形式的无公害茄科类蔬菜生产。

规范性引用文件如下。

GB 5084　农田灌溉水质标准

GB 16715.3　瓜菜作物种子　茄果类

GB 18406.1　农产品安全质量　无公害蔬菜安全要求

GB/T 18407.1　农产品安全质量　无公害蔬菜产地环境要求

DB13/T 453　无公害蔬菜生产　农药使用准则

DB13/T 454　无公害蔬菜生产　肥料施用准则

（一）生产基地环境条件

1. 前茬　非茄科蔬菜。

2. 生产基地　应选择远离工厂、医院、公路主干线等污染源，排灌方便，土层深厚，有机质含量为1.5%以上，环境质量符合GB/T 18407.1规定的农田。

3. 危险物的管理　有毒、有害的化学产品应当遵守国家有关的法律、法规，不应在温室内存放。

4. 灌溉水质　农田灌溉用水质量应符合GB 5084规定。

（二）农药肥料使用要求

1. 农药使用应符合DB13/T 453规定。

2. 肥料施用应符合DB13/T 454规定。

（三）产量指标

本规程的甜椒产量指标为5 000～6 000千克/亩；尖椒产量指标为3 000～4 000千克/亩；番茄产量指标为5 000～6 000千克/亩。

（四）技术措施

1. 品种选择　应选用抗寒、耐热、抗病、肉厚色浓适宜当地栽培的优良品种，种子质量应符合 GB 16715.3 规定。

2. 种子处理

（1）用 2 份开水兑 1 份凉水，水温 55℃温汤浸种，水为种子体积的 5 倍；把种子倒入并不断搅拌，恒温 10 分钟；当水温降至 30℃左右时停搅，继续浸泡 12 小时，漂去秕籽，投洗干净。

（2）催芽温度控制为 20～28℃，每天漂洗 1 次，脱水变温处理。

3. 营养土配制　床土要用 3 年以上没种过茄科的菜田表土，肥料应选用充分腐熟发酵的马粪、圈粪、大粪干等，肥料占田地的比例为 30%～40%；每平方米播种床土用 50%多菌灵和 70%甲基托布津 1∶1 混合药 8 克，与床土混合过筛。分苗床土与播种床土要求基本一致。

4. 播种

（1）待种子有 50%的发芽，即可播种，用药土底铺上盖。

（2）保护地茄科类蔬菜播种期为 12 月上中旬。

5. 播种后至分苗前的管理　白天温度控制为 28～32℃，夜间为 18～20℃；6～7 天可出苗，撒一层细土弥补裂缝，保墒防倒，齐苗后白天温度控制为 25～28℃，夜间为 20～15℃，及时间苗；分苗前 3 天注意进行低温炼苗（即白天温度应控制为 20～25℃，夜间为 10～15℃）。

6. 分苗至定植前的管理

（1）分苗方法：双株分苗，株行距 10 厘米×10 厘米，先开沟、浇水、摆苗、覆土。也可用营养钵分苗。

（2）温度管理：分苗后 1 周内保持较高温度促缓苗，白天为 28～30℃，夜间为 17～20℃，缓苗后降温防徒长，白天为 25～28℃，夜间为 15～17℃，定植前 10 天进行幼苗锻炼，白天为 15～20℃，夜间为 8～10℃。

（3）水分管理：分苗后至缓苗一般不浇水。以后根据苗床墒情用喷壶来补充水分，要求土壤湿度 70%～80%。

（4）其他措施：定植前用病毒 A 1 000 倍液与高锰酸钾 1 000 倍液混合喷苗。如在地下分苗，定植前 5 天一定要围苗。

7. 定植

（1）整地施肥：定植前，结合耕地施优质有机圈肥 5 000 千克/亩，磷酸二铵 50 千克/亩，饼肥 200 千克/亩，硫酸钾 20 千克/亩，做成 10 厘米高畦。

（2）定植时间：早春大棚一定要在 3 月 20 日左右定植。

（3）定植密度：采用大小行定植，大行距 60 厘米，小行距 40 厘米，依品种特性决定株距，每亩穴数 3 500 左右，1 穴双株。

（4）定植方法：选晴天上午定植，先摆苗，后浇水，再覆土。

（5）定植后的管理：重点是防寒保温促进缓苗，缓苗前不放风，晚揭早盖草苫，白天为 28～30℃，夜间为 18～20℃；缓苗后适当降温，白天为 25～30℃，夜间为 15～17℃，通过揭盖草苫早晚和通风口大小来调节温度和湿度，定植后 10 天在高垄上覆盖地膜，形成暗沟，便于整个生育期追肥浇水用。

8. 结果期管理

（1）温度管理：白天为 26～28℃，夜间为 15～18℃。

（2）水分管理：要求土壤含水量 60%～70%，前期 1～15 天浇水 1 次，浇水要见干见湿，防止大水漫灌。春天随气温回升，浇水要适当缩短间隔天数，要求空气相对湿度为 80%为宜。

（3）追肥：当门椒 50%株植长到直径 3～5 厘米时，结合浇水第一次追肥，施尿素 15 千克/亩，以后每层果膨大时追肥一次，化肥和有机肥交替使用，注意要少量多次。

（4）植株调整：及时去掉第一分枝下边的掖芽，摘除下边的老叶、黄叶、病叶，有条件的要进行人工二氧化碳施肥，及时进行叶面喷肥。

（5）采收：定植后 40～50 天开始采收，门椒和对椒适当早收，为防折断枝条应用剪刀剪收。

（五）病虫害防治

1. 防治原则 贯彻预防为主，综合防治，以农业防治措施为基础，例如利用天敌，选用抗生素、植物源杀虫。优先使用生物农药，辅以高效、低毒、低残留的化学农药。

2. 防治方法

（1）病害防治方法：

①猝倒病和立枯病。在苗床土壤消毒的基础上，苗期严防浇大不和长期低温。对中心病区及时用瑞毒霉 5 克/平方米防治。

②病毒病。定植缓苗后 7～10 天用药防治 1 次，及时防治蚜虫，病毒 A500 倍液、植病灵 1 000 倍液、农用链霉素、高锰酸钾 1 000 倍液交替轮换使用，同时可加 1 000 倍液硫酸锌。

③疫病。定植前用 25%瑞毒霉或甲双灵锰锌 800 倍液灌根 1 次；定植后用克露 600 倍液 70%代森锰锌 600 倍液，或百菌清 500 倍液，喷雾防治，结合浇水用 98%是硫酸铜灌根，用 2～3 千克/亩，7～10 天用药 1 次，连续用药 3～4 次。

④脐腐病。初花期用 0.5%氯化钙 100 倍液加萘乙酸 15 天喷 1 次；或喷绿芬威 3 号 1 000倍液 2～3 次，15 天喷 1 次。

（2）虫害防治：

①蚜虫。黄板诱杀或用防虫网，20%吡虫啉 1 000 倍液，10 天 1 次，连喷 3 次。

②棉铃虫。生物、物理防治，盛卵期释放赤眼蜂、草蛉、瓢虫等，或杨柳枝、黑光灯诱杀成虫。杀螟杆菌 100 亿/克 500 倍液喷雾。

化学防治：天王星溴氰菊酯 2 000 倍液喷雾，或辛硫磷 1 000 倍液加高效氯氰菊酯 1 000倍液，以上 3 种交替轮换使用，在卵乳化高峰用药，3 天 1 次，共喷 3 次。

③白粉虱。黄板诱杀或用防虫网，也可用 25%扑虱灵 1 000 倍液或 25%来灭螨锰 1 000倍液，交替使用，7 天 1 次，连用 3 次。

（六）收获

质量应符合 GB 18406.1 规定，采收过程中所用工具要清洁、卫生、无污染。

三、存在问题

一是化肥施用结构不合理。微量元素对改善农产品品质有着不可替代的作用，从设施蔬菜主产区土壤养分测定结果来看，土壤微量元素含量属中等偏下水平。菜农重化肥轻有机肥，重氮肥，轻磷、钾肥，重大量元素肥料轻中、微量元素肥料施用，重单一施用忽视配方施肥。二是化肥使用方法不当，表施、撒施较为普遍，沟施穴施较少，肥料浪费严重，肥料利用率不高。三是化肥用量不合理。菜农氮肥施用过大，磷肥用量少，不用钾肥，养分不均衡，导致投入过剩，产品品质下降，效益降低，部分土壤次生盐渍化较重。

四、标准化生产对策

根据广灵县设施蔬菜地力状况，建议亩施腐熟的优质有机肥 5 000 千克，磷酸二铵 50 千克，饼肥 200 千克，硫酸钾 20 千克作为底肥。当 50%植株门椒长到直径 3～5 厘米时，结合浇水第一次追肥，施尿素 15 千克/亩，以后每层果膨大时追肥 1 次，化肥和有机肥交替使用，注意要少量多次。

（一）增施有机肥、磷肥

有机肥料是养分最齐全的天然肥料。广灵县设施蔬菜主产区的土壤，增施有机肥，可增加土壤团粒结构，改善土壤的通气透水性及保水、保肥、供肥性能，增强土壤微生物活动；磷肥可改善土壤结构，促进根系生长，为设施蔬菜的生长提供良好的土壤环境。施肥时要求深翻入土，使肥土混合均匀，且有机肥应充分腐熟高温发酵，以达到设施蔬菜标准化、无害化生产的需求。

（二）合理配施有机无机化肥

无机化肥是设施蔬菜吸收养分的主要速效肥源，无机肥料与有机肥料配合施用，不但可以获得较高的设施蔬菜产量，也可起到加速土壤熟化的培肥作用，有机与无机肥之比不应低于 1∶1，因土施肥。

（三）科学施用微肥

由于微量元素肥料对改善农产品品质有着不可替代的作用，因此，在设施蔬菜生产中要适时追施适量微肥，以达到高产、优质的目的。

（四）施肥方法要适当

施肥方法要适当，菜地不能把化肥撒施在表土，要提倡深施沟施，施后覆土。

第八节　耕地质量现状与谷子标准化生产对策

谷子是广灵县的特色优势作物，尤其以“东方亮”小米，驰名省内外。“东方亮”小米，原名“御米”，为明清两朝的“贡米”，后改名为“东方亮”小米延续至今，历史悠久，广灵县是“东方亮”小米的原产地，县域素有“塞外乌克兰”之称，肥沃的土壤和独特的气候条件，培育生产出了远近闻名的“东方亮”小米。其色泽金黄、颗粒均匀、口感甜润，香甜可口、营养丰富、经济价值高的特点，故有南有“沁州黄”，北有“东方亮”之说。由于光照充足，光能资源丰富，昼夜温差大，无霜期长，积温有效性高及南北狭长，造就了气候多样性等独特的自然地理条件，使得“东方亮”小米的品质普遍高于其他产地，营养成分也比其他小米高出 2～3 个百分点。独特的环境条件孕育了独特的谷物，剥壳后的小米色泽金黄、滑润可口、香糯醇厚，富含钙、铁、锌、硒、钾等多种矿物质及人体必需的赖氨酸、苏氨酸、亮氨酸、异亮氨酸、蛋氨酸等多种氨基酸及油酸、亚油酸。而且，“东方亮”小米含有丰富的蛋白质、脂肪、多种微量元素，对于治疗肝脏病、心脏病、神经官能症、贫血等有一定辅助作用。经鉴定含有蛋白质 9.7%，脂肪 7.7%，碳水化合物 7.66%，粗纤维 0.1%，灰分 1.4%，并含有铁、磷、谷维素等多种元素。食用可做成美味可口的稠粥、绿豆粥、红豆粥、红枣粥、小米稀饭、发糕、锅巴、米面饼等 20 余种不同风味的食品。“东方亮”小米主产区在宜兴乡一带。宜兴乡位于壶流河与直峪口之间，南坡北川，地势高燥，通风宜光，土层深厚，蕴气保墒，尤适谷子生长。种植大多分布在边远山区和高寒地区，绿色食品。当地山高水清，土质、空气无污染，基本不使用化肥，盛产的大白谷凝重饱满，剥碾成米，光灿如晶，熬粥品食，香润醇厚，是一种纯天然的原生态绿色健康食品。

传说明宣德年间，广灵籍官员王尚文右迁户部主事，特选家乡特产白谷献于内廷，宣宗皇帝视其饱满圆润，色泽如金，甚爱。熬粥品尝，香润可口，遂赐广灵小米为岁贡。又传，清康熙帝秋巡途经广灵，将当地小米赐为“御米”，并顺“日归于西，启照于东”之意、“主位在东，宾位在西”之尊，又将“御米”复赐为“东方亮”。中华人民共和国成立后，毛泽东主席对“东方亮”悦其名美其食，并于 1957 年在中南海接见了全国劳模、广灵县南房村党支部书记刘清。1973 年，周恩来总理陪同法国总统蓬皮杜访华来同，地方政府以“东方亮”小米粥招待贵宾，受到称赞。“东方亮”小米粥遂成招待贵宾之必备佳肴。2007 年 8 月，“东方亮”小米顺利通过抽样化验评审，成为中南海供应食品。2008 年，“东方亮”小米被选为奥运会专供小米，成为奥运食品，“东方亮”小米在各类大会上大受欢迎。

由此可见，从明清至今，“东方亮”就是个响当当的品牌。

一、谷子主产区耕地质量现状

从本次调查结果显示，谷子主产区的土壤理化性状为：有机质含量为 8.21～15.84 克/千克，平均为 11.96 克/千克，属山西省四级水平；全氮含量为 0.57～0.88 克/千克，平均为 0.72 克/千克，属山西省四级水平；有效磷含量为 3.95～22.08 毫克/千克，平均为 8.6 毫克/千克，属山西省五级水平；速效钾含量为 64.07～160.8 毫克/千克，平均为 105.72 毫克/千克，属山西省四级水平；有效硫为 19.79～60.08 毫克/千克，平均为 39.47 毫克/千克，属山西省四水平。微量元素中，铜属山西省三级水平，铁、锰、锌属山西省四级水平，硼属山西省五级水平，pH 平均为 8.21。

二、谷子标准化生产技术

1. 播前准备

（1）选地选茬：谷子耐旱，坡梁旱地和水地均可种植，前茬以豆类、瓜菜、马铃薯为最好，其次是玉米、高粱。

（2）保墒整地：

① 秋深耕 20～25 厘米，结合耕翻施入底肥，耕后耙耱保墒。

②“三九”天滚压 1～2 次，早春顶凌耙耱 2～3 次。

③ 土壤解冻后浅耕 10 厘米左右，及时耙耱，整地要达到“平、绒、细”，上虚下实。

（3）施肥：

① 施肥量。每生产 100 千克谷子籽粒，均需纯氮 4.7 千克，五氧化二磷 1.7 千克，氧化钾 5 千克。按照产量指标每亩施农家肥 1 000～1 500 千克、过磷酸钙 30～40 千克、碳酸氢铵 40～50 千克。

② 施种肥。用硝酸铵 5 千克、过磷酸钙 10 千克，播种时与少量过筛的农肥混合沟施。

③ 旱地施肥采用“一炮轰”，即秋深耕时结合耕翻，将农家肥、化肥一次施入土壤。

（4）选用良种：旱地主干品种“东方亮”，搭配“8311”；水地主干品种为“东方亮”，搭配“大白谷”。

（5）种子处理：20%的盐水漂秕，清水冲盐并用 0.3%的瑞毒霉加 0.2%“拌种双”拌种，防治白发病和黑穗病，结合拌种使用毒土防治地下害虫。

2. 播种

（1）播种期：广平川区为 5 月上中旬、冷凉地区为 4 月底至 5 月上旬。

（2）播种深度：5～7 厘米。

（3）播种方式：耧播或机播。

（4）播量：每亩 0.75～1 千克。

3. 田间管理

（1）打三砘：播后随耧砘，幼苗将要出土时打 1 次黄芽砘（打顶），两叶一心打压青砘。

（2）三叶间苗、五叶定苗。

（3）留苗密度：肥沃旱平地亩留苗 2.5 万～2 万株；高水肥地亩留苗 3.5 万～4 万株；一般坡梁旱地亩留苗 2 万株左右。

（4）中耕除草，共进行 3～4 次：第一次结合定苗浅锄、围土稳苗；第二次苗高 25～30 厘米，深锄、细锄，深度 5～7 厘米；第三次苗高 50 厘米，中耕培土，防止倒伏。

（5）追肥、根外喷肥：

①孕穗期（6 月下旬）将过筛的硝酸铵 15 千克/亩或尿素 10 千克/亩，用耧或开沟器施入谷田垄背。

②在抽穗至灌浆初期，叶面喷施磷酸二氢钾，增磷补氮、促营养物质向籽粒转化。

（6）浇水：有灌溉条件的谷田，追肥要结合浇水，第一次轻浇，第二次抽穗前生浇。

灌浆期干旱浇水要勤浇、浅浇，防止倒伏。

（7）防治病害虫：苗期结合中耕撒毒土或喷2.5%敌杀死，菊酯类农药20毫升，兑水20千克，防治粟灰螟，随时注意防治黏虫。

4. 适时收获 颖壳变黄，谷穗断青，籽粒变硬，即可收获。

三、存在问题

1. 干旱少雨，投入不足，产出水平低 广灵县自然条件差，“十年九旱、十年十春旱”，一直是制约全县农业发展的最大障碍因素。但谷子在地类安排上是一些边远的坡地、地边、地垣等下等耕地，耕作粗放，产出水平低、效益差，严重挫伤了农民种植小杂粮的投入积极性。

2. 种植分散，规模较小，商品率有限 近年来，广灵县的谷子生产虽然在产业化经营的推动下，形成了一定的规模，但远未形成区域化、规模化、产业化、标准化生产，特别是生产条件差、经营投资少、单产水平低，没有形成大的生产基地和规模生产。

3. 加工水平低，增值能力弱，经济效益差 广灵县谷子加工龙头企业少、规模小、层次低、产品单调、加工转化能力不强、产业拉动力差，特别是缺乏市场意识、品牌意识，没有抓住全县谷子无公害、名优特新品牌，还未能真正形成市场上叫得响的名牌系列产品和抢占市场商机的开发态势。

4. 优种缺乏，品种混杂，品牌杂乱，科技水平较低 广灵县谷子生产缺乏科学、有序、系统的产业指导、管理和协调，产业开发投入严重不足，科技队伍力量薄弱，新品种培育和引种少，生产上一直沿用老品种，种子更新步伐缓慢，缺乏主导品种，对谷子生产的关键技术只停留在经验型的层面上，缺乏系统的研究和推广。

5. 加工技术落后，产品档次低，名牌产品少 广灵县大部分是传统的手工和半机械作坊，加工设备落后，又缺少新技术支撑，科技含量低，即使加工出成品，也是低档次食品，谷子多以原料出售。市场占有额少，效益差。

6. 盲目生产，市场混乱，销售渠道不畅 目前农民只能根据上年的市场行情决定种什么、种多少，根据当年收成情况和收购价决定是否销售，没有储备销售和合同订单，很难形成“企业＋基地＋农户”的产业链，在很大程度上，生产者的利益被经营者控制。

四、标准化生产对策

1. 提高认识、转变观念 过去对谷子的认识存在片面性，通过多年的生产实践，认为谷子不再是低产作物、费工作物、短产业链条作物，谷子不仅仅是抗旱耐瘠作物，而且是可以规模化种植的作物。

2. 发挥优势，突出特色 谷子是起源于我国的特色作物，是中华民族的哺育作物、红色作物、环境友好型作物，同时还是战略储备作物，谷子具有抗旱、耐瘠、营养丰富平衡、粮饲兼用、耐贮藏等优势特点。在干旱日趋严重、“杂粮热”日益升温、畜牧业不断发展的形势下，谷子产业发展前景广阔。

3. 搞好示范，推广实用技术　在试验、示范的基础上，大力推广谷子新品种及其配套技术，谷子水地高产、旱地节水高效集成技术，农机农艺结合的简化生产技术，谷子病虫草鸟害的综合防治技术，推广针对谷子生产全过程的农机具应用技术。

4. 调研市场，拓宽销路　要深入研究谷子市场，捕捉销售信息，组织、引导农民发展订单生产。同时壮大谷子销售服务体系，培育流通中介组织和购销队伍，加快谷子专业批发市场和市场信息网络建设，为全县谷子生产发展服务。

5. 培育龙头企业，推进产业化经营　以公司带农户为主要形式的农业产业化经营是促进谷子增值的重要途径。加快培育谷子加工工业。提高加工能力和产品档次，开发特色产品、名牌产品，尤其是绿色食品。要以市场为导向，产业化企业为龙头，形成生产、加工、销售一体并逐步向产业集群方向发展。

6. 加大扶持力度，保障谷子生产发展　国家已经制定了小杂粮产业政策及行业标准，全县应抓住契机，瞄准市场，加大谷子生产方面投入，筛选适合全县种植的优良品种、总结推广适宜全县条件的配套栽培技术、搞好谷子深加工技术的研究，使全县谷子生产达到一定规模，促进农民增收。

第九节　耕地质量现状与玉米标准化生产对策

广灵县土地肥沃、水源丰富，农民习惯精耕细作，再加上现代农业科学技术的广泛应用，提高玉米单产潜力巨大。2008 年以来，广灵县连续组织农民开展玉米高产竞赛，实施现代农业玉米丰产方建设项目，使全县的玉米单产水平有了很大提高。2012 年，广灵县玉米高产竞赛田创亩产 1 153.21 千克的纪录。

玉米是广灵的主要农作物，主要分布在壶流河两岸的壶泉镇、加斗乡、蕉山乡和作疃乡。年平均种植面积在 20 万亩以上，2012 年，种植面积 25.5 万亩，产玉米11 416万千克，占全县粮食总产量的 87%，玉米产量的高低直接影响着全县农民收入水平。大力发展玉米生产，稳定播种面积，提高单位面积产量，对发展广灵畜牧业生产、转移劳动力、发展第三产业有着重要的历史意义和现实意义。

一、玉米主产区耕地质量现状

本次调查结果显示，玉米主产区的土壤理化性状为：有机质含量为 9.1～14.96 克/千克，平均为 11.80 克/千克，属山西省四级水平；全氮含量为 0.58～0.88 克/千克，平均为 0.71 克/千克，属山西省四级水平；有效磷含量为 5.0～21.42 毫克/千克，平均为 9.89 毫克/千克，属山西省五级水平；速效钾含量为 86.94～180.67 毫克/千克，平均为 123.86 毫克/千克，属山西省五级水平；有效硫为 19.21～73.99 毫克/千克，平均为 26.11 毫克/千克，属山西省四级水平。微量元素含量铜属山西省三级水平，锌属山西省四级水平，铁、锰、硼属山西省五级水平，pH 平均为 8.32。

二、玉米标准化生产技术规程

适应于广灵县推广应用的玉米技术是冷凉早熟区旱地玉米“一增二早三改”高产种植技术，技术主要内容如下。

一增：增加单位面积种植密度（增幅70%，密度达4 500株/亩）。

二早：早覆膜、早播种（机械化提早覆膜播种，4月20日开始）。

三改：改用早熟品种为中晚熟耐密品种（郑单958、先玉335等）；改等行距种植为宽窄行种植（宽窄行65厘米×45厘米）；改常规“一炮轰”施肥为按照土壤供肥及产量需肥施用底肥或追肥（亩施尿素50千克、过磷酸钙80千克、硫酸钾9千克，1/5用量的尿素拔节期追施）。

（一）“一增二早三改”高产高效种植技术

1. 一增 就是增加单位面积种植密度。即在常规种植密度3 000株/亩基础上增密50%～70%，使种植密度达到4 500～5 000株/亩。

2. 二早

（1）提早覆盖：一般使用规格宽为90～110厘米，厚度为0.007～0.008毫米的地膜。垄膜沟种时，要求地膜宽度至少达到110厘米；平膜平种时，要求地膜宽度采用90厘米为宜。覆膜采用宽膜宽行覆盖方式，应选择在播种前半个月提早进行，能提早且提早。

（2）提早播种：当膜内土壤5～10厘米耕层地温持续稳定为8℃时，适时提早进行播种。综合考虑晚霜终期和初霜来期，播种期一般按照初霜来期前推130天为宜。

3. 三改

（1）改用高密品种：改用紧凑型耐密中早熟品种，即选择株型紧凑、叶片上冲、增产潜力大、抗逆性强、适应密植的品种。如郑单958，先玉335。

选择精选过的种子，用前进行晒种，种子包衣处理。即先将选好的种子摊晒在干燥的水泥地上成一薄层，连续翻晒2～3天，然后按照种衣剂与种子1∶40的比例包衣种子。若用于地下病虫害危害严重的地块时，包衣种子时还需同时进行药剂拌种，用种子量0.2%的50%的辛硫磷乳剂，0.3%的粉锈宁拌种。

（2）改变种植方式：改通常采用的50厘米均匀行距种植为宽窄行宽行覆膜窄行种植方式，通过覆膜的透光，抑蒸、增温作用，改善玉米生长的田间热水微环境。垄膜沟种时，宽行90厘米，窄行50厘米，穴距36～38厘米，每穴留苗2株；平膜平种时，宽行70厘米，窄行40厘米，穴距21～23厘米，每穴留苗1株。

（3）改用精确施肥：改用常规“一炮轰”盲目施肥为精确施肥，即在测土施肥的基础上根据品种需肥特性与目标产量需肥指标定量施用基肥和追肥。在施用有机肥基础上，按照供肥数额施用氮磷钾肥和锌锰肥。全部用量的磷肥和2/3用量的氮与钾和每亩用量1.5千克锌与锰肥以基肥形式在整地前一次性施入土壤（也可预留一少部分作种肥用），1/3用量的氮与钾留作追肥。

（二）技术操作要领

1. 整地

（1）整地：要求在冬前，前茬收获后收拾干净前茬地膜，及时秸秆还田并深耕耙地，以利秋冬积蓄雨雪。开春解冻后及早顶凌耙耱压。覆膜前，施肥浅耕耙耱（垄膜沟种时无需施肥），使土壤细碎无坷垃，上虚下实，无残茬杂物。

（2）土壤处理：为了防治地下病虫害，还需进行土壤处理，每亩用2～2.5千克3.5%的甲敌粉与25千克细土混匀，均匀撒施土表，随着覆膜前施肥浅耕时翻入土中。

（3）起垄：利用施肥起垄覆膜播种多功能一体机起垄；在机具不能满足的地块，先按照垄沟要求画好垄沟线，用畜力或小型机械沿垄带中央线左右各翻一犁形成犁沟，将基施肥料撒施犁沟内，再沿犁沟两边向内各翻一犁，然后人工整理成拱形垄面，垄高5～10厘米，垄宽90厘米。若地块非平坦时，起垄要沿等高线进行。

2. 除草剂使用　覆膜之前，最好使用玉米专用除草剂进行覆膜行处理，以预防膜下杂草生长。通常每亩用50%乙草胺75毫升，兑水50千克对覆膜行进行喷雾处理。喷雾要喷匀，做到不漏喷，不复喷，最好选择在早晨进行。

3. 覆膜　覆盖前，覆盖行需进行除草剂处理，完成后应紧接着开始地膜覆盖。按照覆盖方式区分如下。

（1）机器覆膜：宜于机械覆膜，将施肥起垄覆膜播种机的播种轮悬挂，利用小四轮带动宽行施肥起垄覆膜播种机进行覆膜，每隔3米系一土腰带以防大风揭膜，同时还可随着施入种肥。

（2）人工覆膜：应在起垄后及时进行，在目前播种机具不能满足的地块只能由人工完成。覆膜时，先在垄的一端开沟压住膜头，再沿着垄面两侧基部开沟，展平地膜贴紧垄面，边展开地膜边压实膜边，膜两边各埋入土中10厘米，每隔3米系一土腰带固膜。

4. 播种

（1）播种时间：适宜时期是4月中下旬。

（2）播种深度：播深一致保持为4～5厘米。

（3）播种方法：用起垄施肥覆膜播种多动能一体机一次性完成播种。

（4）播种量：每穴下籽1～2粒，用种量2.5～3.0千克/亩。利用6孔盘播种。

5. 田间管理

（1）放苗、间苗、定苗、除蘖：地膜覆盖点播的玉米，播种穴所覆之土遇雨很容易造成板结，出苗后会有好多幼苗钻到地膜里。因此，在幼苗叶片变绿时必须及时破板结，揭膜放苗，放苗后随即将膜孔用土封严，以防跑墒降温，滋生杂草。放苗应在无风的晴天10：00前或16：00后进行；宜在玉米三叶期间苗，玉米五叶期定苗，六至八叶期去除分蘖。

（2）中耕松土、培土：春播玉米一般中耕2～3次，定苗前中耕1次，深度3～5厘米；拔节前中耕1次，深度10～12厘米，中耕松土要留有护苗带，避免伤苗；封垄前进行培土，培土高度7～8厘米。

（3）追肥：玉米根系发达，吸收能力强，有前期发苗快，地力消耗多的特点，地力过差或底肥不足时，易出现脱肥和早衰现象。因此，要在拔节前后把留作追肥的1/3肥料用量的尿素和硫酸钾进行追施，最佳时间选在10～11片叶全部展开时追施。可以利用手提式自动点播器在窄种植行间每4株玉米打1孔追施。

（4）病虫害防治：

①病害防治。在种衣剂包衣防治丝黑穗病，苗期灰飞虱的基础上，喷施凯尔杀毒50克/亩或植病灵2号100毫升/亩，兑水30千克，能有效防治玉米粗缩病；用50%多菌灵可湿性粉剂或70%甲基托布津或75%百菌清可湿性粉剂100克，兑水30～45千克，加0.5%磷酸二氢钾喷雾，能有效防治玉米大斑病、小斑病。

②虫害防治。苗期地老虎，3龄前用菊酯类农药喷防，3龄后采用毒饵诱杀；黏虫发生时，亩用90%敌百虫晶体100克、2.5%功夫乳油或4.5%高效氯氰菊酯50毫升，兑水50千克喷雾防治；玉米螟可用每亩3%地虫光颗粒剂0.7～1.5千克或1.5%顺手丢颗粒剂1～1.2千克及时除治；红蜘蛛、蚜虫用20%螨猎或34%红白易胜每亩75～100克，兑水50千克喷洒防治；蚜虫还可每亩用5%啶虫脒20～30克或10%吡虫啉20克兑水30千克喷雾防治。

（5）化学调控：玉米六至十二片叶时，每亩用矮脚虎15克或高玉宝10毫升，兑水15千克或玉黄金20毫升兑水30千克均匀喷雾上部叶片可以控制营养生长，降低株高穗位，增粗茎秆，缩短基部节间，塑造理想的丰产株型。

6. 收获 当玉米籽粒乳线消失，完全硬化，呈现品种固有的色泽和形状时，要及时收获，以确保高产。一般在霜后1周进行收获。

三、存在问题

1. 制约玉米产业发展的自然生态条件 干旱始终是玉米高产和稳产的第一限制因素，广灵县80%的玉米种植在干旱或半干旱地区，由于十年九旱，年降水量偏少，玉米产量大面积减产的主要原因是干旱造成的。广灵干旱的特征：一是时间长、范围广、影响大、损失重；二是降水量偏少，地区间分布不均。土壤瘠薄、基础地力偏低是限制全县玉米产量的第二大因素。

对于自然资源条件下的干旱问题，只能通过强化农田基本建设，推广蓄水保墒耕作技术、节水灌溉技术，实施地膜覆盖栽培技术，建设节水型农业体系等来改善，以提高水分利用率，减少或减轻干旱威胁。而深松耕、少耕及免耕技术，增施有机肥，加大秸秆还田力度，合理施肥和轮作倒茬，可改善土壤结构，逐步培肥土壤，提高土壤肥力。

2. 影响玉米产业发展的主要生产技术及产业经济问题

（1）品种多，创新不足，示范推广薄弱：全县种植的玉米品种多，主推品种不突出，造成广大农民群众在选择品种时无所适从。目前，生产上推广面积较大的品种多为省外品种，山西省自育品种所占份额较小。

（2）耕作与栽培过于简单粗放，先进技术到位率低：①多数土壤只旋不深耕，耕层过浅。大多数农户连年只旋耕，不深翻，旋耕深度一般只有10～15厘米，土壤耕层越种越浅，犁底层越来越厚，土壤有机质含量降低，耕层土壤的理化性状趋于恶化，限制了玉米根系下扎和水分、养分的吸收，导致玉米植株发育不良，最终产量不高；②种植密度偏低、不合理。农民对品种特性认识不足，不是根据田地的肥力和灌溉情况种植，而是盲目买、盲目种，导致种植密度不合理，该密的不密，该稀的不稀；③施肥不科学，肥料利用率低。主要是有机肥施用不足，化肥用量及分配时期不合理，肥料投入过量与不足现象均有存在，氮、磷、钾肥施用比例失调；④秸秆不还田焚烧现象仍十分普遍。

（3）病虫害发生有加重的趋势，对玉米生产构成严重威胁：随着秸秆覆盖、秸秆还田、少耕、免耕、机械深松、密植和增施有机肥等技术的应用以及特殊异常气候的增多，增加了玉米病菌和虫源基数，加速了病虫的传播蔓延，为玉米病虫的发生提供了必要的条件，增加了玉米病虫重发的风险。玉米面积的逐年扩大，轮作倒茬等有效的病虫防控措施无法实施。当前生产中种衣剂质量不过关，用药量不够，针对性不强，以及防治农药、药械落后，也是导致玉米病虫逐年加重的原因。

（4）玉米生产机械化程度低，各生产环节机械化程度不平衡：主要表现为：①土地分散经营限制了机械化发展；②农机与农艺不协调。各地玉米种植模式复杂，品种繁多，种植行距多样化，尤其是套作模式加大了机械作业难度，制约了机械化的发展；③机收瓶颈尚未完全突破，机械作业质量差，损失大；④中耕、除草、追肥、植保等作业机械化程度更为滞后。

（5）生产成本不断增加，种玉米效益得不到提高：随着经济的发展，玉米价格有所提高，但生产资料价格和劳动力报酬上涨更快。尽管国家实行了种粮补贴，农民种植玉米的经济效益仍难以提高，低下的效益难以调动农民种粮的积极性。

四、标准化生产对策

1. 大力提倡和推广秋季秸秆还田、深松耕、深施肥、旋耕镇压、春直播的土壤耕层改良综合高产技术　推广农民急需的省工节本简化栽培技术，如玉米精量点播技术，少耕、免耕栽培技术，小型农机具作业等。要因地制宜，在原有密度基础上，适当增加留苗密度。完善农技推广服务体系，推广现有成熟技术，如“一增四改”等综合栽培技术等。

2. 增施有机肥，提高土壤肥力　采取增施有机肥、秸秆还田、粮豆轮作等技术来提高土壤有机质含量。要推进测土配方施肥技术的应用，做到科学、平衡、经济、合理施肥，因区域、因土壤平衡施肥，提高肥料利用效率，保持土壤养分平衡，确保地力水平不断提高。

3. 采取多种途径控制病虫害的发生和流行　加强抗病虫品种的筛选和育种工作，合理调整品种布局和进行轮作倒茬。科学合理选用种衣剂和进行化学药剂防治，推广普及适用的防控技术和辅之以拔出病株、秸秆粉碎还田、中晚熟区适期晚播的农业措施。

4. 研究和解决农机作业中存在的质量和效率问题　制定科学合理、相互适应的机械作业规范和农艺标准，有针对性地推广一批适合机械化作业的品种和种植模式。因地制宜，研究多项技术与机具的联动体系，重点放在机械化耕作、精播、精收和病虫害防治等方面。不断改进玉米收获机的性能，提高脱皮率，降低损失率。研究适于家庭作业的经济实惠、轻便耐用的多功能小型机械。

图书在版编目（CIP）数据

广灵县耕地地力评价与利用 / 刘宝主编．—北京：中国农业出版社，2017.7

ISBN 978-7-109-23118-4

Ⅰ.①广… Ⅱ.①刘… Ⅲ.①耕作土壤—土壤肥力—土壤调查—广灵县②耕作土壤—土壤评价—广灵县 Ⅳ.①S159.225.4②S158.2

中国版本图书馆 CIP 数据核字（2017）第 137753 号

中国农业出版社出版

（北京市朝阳区麦子店街 18 号楼）

（邮政编码 100125）

责任编辑 杨桂华 廖 宁

中国农业出版社印刷厂印刷 新华书店北京发行所发行

2017 年 7 月第 1 版 2017 年 7 月北京第 1 次印刷

开本：787mm×1092mm 1/16 印张：9.75 插页：1

字数：300 千字

定价：80.00 元

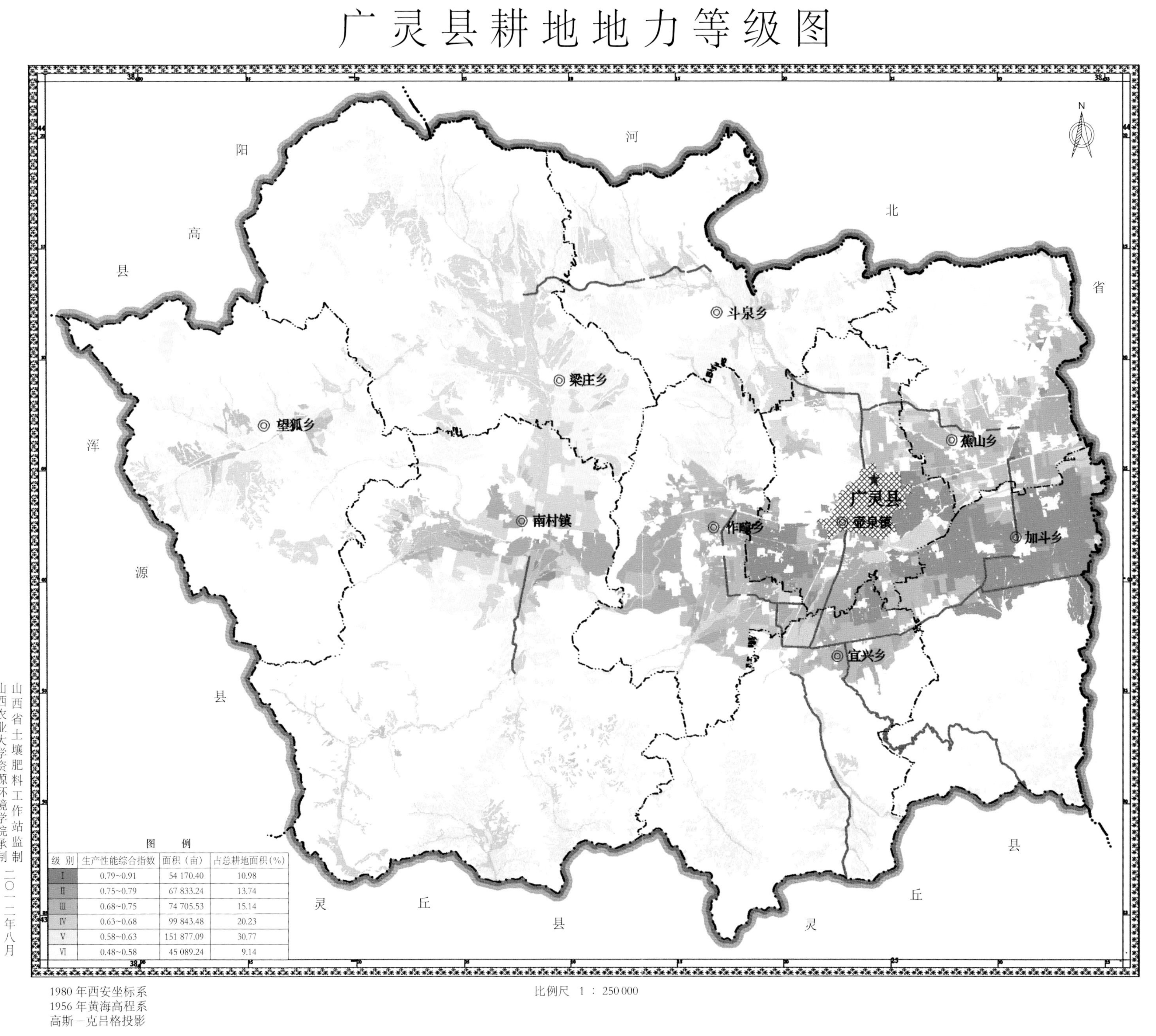

图　例

级 别	生产性能综合指数	面积（亩）	占总耕地面积(%)
Ⅰ	0.79~0.91	54 170.40	10.98
Ⅱ	0.75~0.79	67 833.24	13.74
Ⅲ	0.68~0.75	74 705.53	15.14
Ⅳ	0.63~0.68	99 843.48	20.23
Ⅴ	0.58~0.63	151 877.09	30.77
Ⅵ	0.48~0.58	45 089.24	9.14

广灵县中低产田分布图

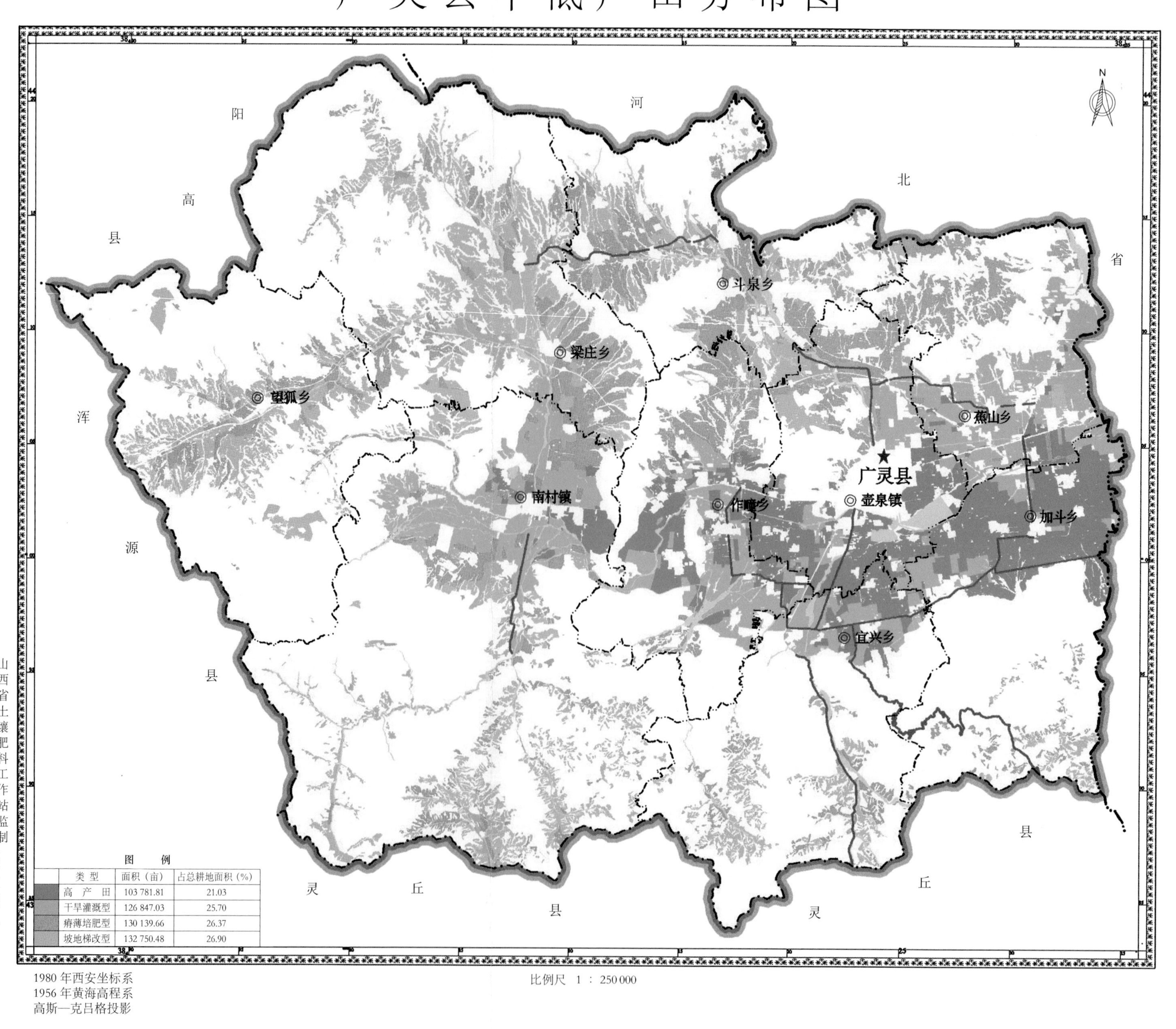

类型	面积（亩）	占总耕地面积（%）
高产田	103 781.81	21.03
干旱灌溉型	126 847.03	25.70
瘠薄培肥型	130 139.66	26.37
坡地梯改型	132 750.48	26.90

山西省土壤肥料工作站监制
山西农业大学资源环境学院承制
二〇一二年八月

1980年西安坐标系
1956年黄海高程系
高斯—克吕格投影

比例尺　1 : 250 000